Benno Mohry

Mathematik

Geometrie

POCKET TEACHER

Download: PowerPoint-Referat

1. Rufe die Internetseite auf: www.cornelsen.de/pocket-teacher
2. Gib den Webcode ein: **PT229307**

Cornelsen
SCRIPTOR

Der Autor:
Benno Mohry ist ein erfahrener Mathematiklehrer. Er hat im Bereich des zweiten Bildungsweges, an einem Gymnasium, an Auslandsschulen und an einem Studienkolleg unterrichtet.

Für die neue Ausgabe wurde dieser Band vollständig aktuallisiert und erweitert.

www.cornelsen.de

Bibliografische Information: Die Deutsche Bibliothek verzeichnet diese Publikation in der Deutschen Nationalbibliografie; detaillierte bibliografische Daten sind im Internet über http://dnb.ddb.de abrufbar.

Dieses Werk berücksichtigt die Regeln der deutschen Rechtschreibung, die seit August 2006 gelten.

5. 4. 3. 2. 1. Die letzten Ziffern bezeichnen
13 12 11 10 09 Zahl und Jahr der Auflage.

Projektleitung: Anja Sokoll, Berlin
Redaktion: E. E. Conrad, Frankfurt am Main
Redaktionelle Neubearbeitung: Markus Holm, Berlin
Reihengestaltung: Magdalene Krumbeck, Wuppertal
Satz und Layout: Lennart Fischer und Torsten Lemme, beide Berlin
Herstellung: Uwe Pahnke, Berlin
Sachzeichnungen: Stefan Giertzsch und Lennart Fischer, beide Berlin
Umschlagentwurf: Patricia Müller und R. J. Fischer, Berlin
Druck und Bindearbeiten: CPI – Clausen & Bosse, Leck
Printed in Germany
ISBN 978-3-589-22930-7

Gedruckt auf säurefreiem Papier,
umweltschonend hergestellt aus chlorfrei gebleichten Faserstoffen.

Inhalt

Vorwort

Liebe Schülerin, lieber Schüler!
Dieser handliche POCKET TEACHER bringt dir viele Vorteile: Er informiert knapp und genau. Regeln, Erklärungen, Lösungsverfahren, Beispiele, Tabellen – alles ist übersichtlich geordnet und leicht verständlich.
Du kannst die gewünschten Infos am schnellsten über das Stichwortverzeichnis am Ende des Bandes finden. – Stichwort vergessen? Dann schau am besten ins Inhaltsverzeichnis und suche im entsprechenden Kapitel nach dem Wort.

Im Text deines POCKET TEACHER findest du viele farbige Pfeile. Diese verweisen auf andere Stellen im Buch.
BEISPIEL Punkt (↗ S. 10 ff.) oder Winkel (↗ S. 18 ff.).
Geht man den Pfeilen nach, bekommt man zu diesen Fachbegriffen der Geometrie weitere Informationen.

Geometrie ist nicht nur der älteste Zweig der Mathematik, sie gehört zu ihrem innersten Kern, sie ist sozusagen das Herz der Mathematik:
- weil sie mit und von Bildern lebt,
- weil sie unmittelbare Einsichten eröffnet,
- weil sie das Verständnis fördert,
- weil sie eine unversiegbare Quelle von Ideen ist.

Natürlich ist es mit der Geometrie wie mit allem anderen auch: Will man sie kennenlernen, dann darf man nicht auf Distanz bleiben. Man muss sich auf sie einlassen, muss schauen und beobachten, skizzieren und zeichnen, vergrößern und verkleinern, drehen und wenden, falten und schneiden, kleben und

basteln – das sind die richtigen Aktivitäten, um Zugang zur Geometrie zu finden und sich mit ihr anzufreunden.
Wir nutzen in diesem Buch kräftig die Bildersprache. Sie ist ursprünglicher als die Wortsprache; sie ist ausdrucksstärker als die Wortsprache, sie ist einprägsamer als die Wortsprache. Bilder sind die Sprache der Geometrie. – Geometrie ohne Bilder ist tot.

Der POCKET TEACHER Mathematik Geometrie stellt die wichtigsten Definitionen und Sätze vor, die zum Stoff der Sekundarstufe I gehören. Beispiele erläutern ihre Anwendungen und weisen auf Besonderheiten hin.

Lern-Check: Teste dein Wissen! Am Ende jedes Kapitels werden die wichtigsten Inhalte in einer Checkliste abgefragt. So kannst du dein Wissen schnell testen. Entdeckst du noch Lücken, dann gibt es hier Hinweise, welche Seiten du noch einmal genau lesen solltest.

BEACHTE Natürlich kann die POCKET-TEACHER-Reihe ausführliche Schulbücher mit Übungen und Beispielen nicht ersetzen. Das soll sie auch nicht. Sie ist deine Merkhilfe-Bibliothek für alle Gelegenheiten, besonders für Hausaufgaben oder die Vorbereitung auf Klassenarbeiten und Abschlussprüfungen.

▶ **HINWEIS** Wenn du zusätzliches Übungsmaterial suchst, dann schau dir doch einmal die Reihe „Besser in Mathematik" in deiner Buchhandlung an. Dort findest du ausführliche Erklärungen und insbesondere viele Aufgaben mit Lösungen.

1 Punkt – Gerade – Ebene

Punkt, *Gerade* und *Ebene* sind geometrische Grundelemente. Jeder hat recht zutreffende Vorstellungen darüber, was Punkte, Geraden und Ebenen bedeuten, und dennoch ist es nicht leicht, diese Vorstellungen in klare Worte zu fassen. Ganz ähnlich verhält es sich natürlich auch in anderen Bereichen. So mag manch einem die Frage: „Was sind Zahlen?" geradezu als absurd erscheinen.

Die Mathematik behandelt und beantwortet solche Fragen auf die ihr eigene Weise. Entscheidend ist nicht, was beispielsweise „Zahlen", „Punkte", „Geraden" oder „Ebenen" an sich sind; entscheidend ist vielmehr, welche Beziehungen zwischen ihnen bestehen und wie mit ihnen operiert werden darf – ganz nach dem Motto:

„Sage mir, wie du dich verhältst,
und ich sage dir, wer du bist."

1.1 Grundbegriffe

Körper, wie beispielsweise ***Würfel***, veranschaulichen die geometrischen Grundbegriffe ***Punkt***, ***Gerade***, ***Ebene***.

Punkte
An den Ecken erkennt man sie besonders deutlich (↗ Bild 1). Der Würfel hat acht Eckpunkte.
Punkte werden mit Großbuchstaben bezeichnet:
A, *B*, *C*, *D*, *E*, *F*, *G*, *H*.

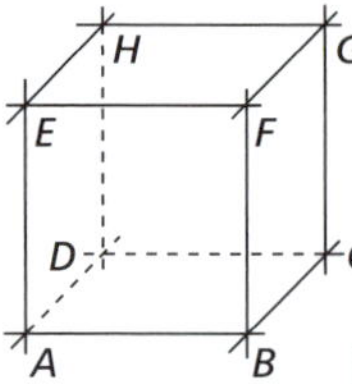

1

Geraden

An den Kanten werden Stücke von ihnen sichtbar (↗ Bild 2). Die Würfelkanten – in beide Richtungen verlängert – veranschaulichen zwölf Geraden; jede ist durch zwei Eckpunkte bestimmt.

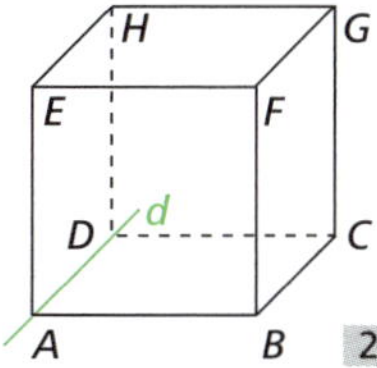

2

Geraden werden daher oft durch Punktepaare oder durch Kleinbuchstaben bezeichnet: $AB = a$, $BC = b$, $CD = c$, $DA = d$, $AE = e$, $BF = f$, $CG = g$, $DH = h$, $EF = i$, $FG = k$, $GH = l$, $HE = m$.

Ebenen

An den Außenwänden erkennt man Teile von Ebenen (↗ Bild 1). Der Würfel wird durch sechs Ebenen begrenzt; jede ist durch drei Eckpunkte bestimmt. Ebenen werden daher oft durch drei ihrer Punkte bezeichnet: $ABC = E_1$, $ABF = E_2$, $BCG = E_3$, $CDH = E_4$, $DAE = E_5$, $EFG = E_6$.

1.2 Element oder nicht Element?

Die grundlegendste Beziehung zwischen Punkten, Geraden und Ebenen klärt, ob ein Objekt zum anderen gehört oder nicht.

BEISPIELE

- Punkt A liegt auf der Geraden d; Punkt B liegt nicht auf d (↗ Bild 2). Man schreibt dafür:
  $A \in d$, d. h. „A ist Element von d" oder „A gehört zu d".
  $B \notin d$, d. h. „B ist nicht Element von d" oder „B gehört nicht zu d".
- Punkt B liegt in der Ebene E_1; Punkt F liegt nicht in E_1 (↗ Bild 3). Man schreibt:
  $B \in E_1$, d. h. „B ist Element von E_1".
  $F \notin E_1$, d. h. „F ist nicht Element von E_1".

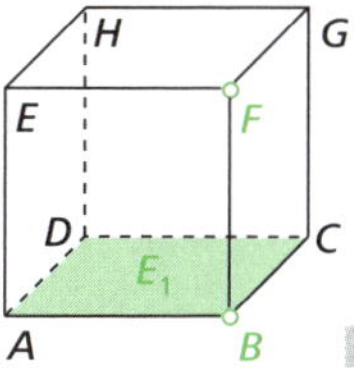

3

- Die Gerade $AD = d$ liegt in der Ebene E_1; die Geraden k und f liegen nicht in E_1 (↗ Bild 4).
  Man schreibt: $d \subset E_1$, d. h. „d ist Teilmenge von E_1“.
  $k \not\subset E_1$, $f \not\subset E_1$, d. h. „k bzw. f sind nicht Teilmengen von E_1“.

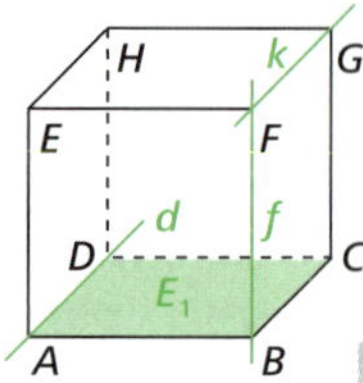

4

1.3 Strahl – Strecke

Strahl und Strecke – sie erklären sich aus den Grundbegriffen „Gerade“ und „zwischen“.

Die ***Strecke*** $\overline{AB}$ besteht aus den Punkten der Gerade AB, die zwischen A und B liegen. A und B sind die Endpunkte der Strecke $\overline{AB}$ (↗ Bild 5).

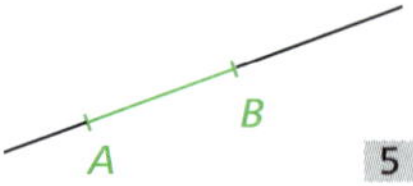

5

Jede Strecke $\overline{AB}$ hat eine ***Länge***, sie wird mit $|AB|$ bezeichnet und gibt an, wie oft die ***Längeneinheit*** 1 auf der Strecke $|AB|$ abgetragen werden kann (↗ Bild 6). Hier ist $|AB| = 3$.

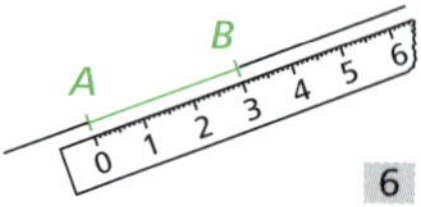

6

BEACHTE Unterscheide zwischen *Strecke* $\overline{AB}$ und *Länge* $|AB|$! Die Strecke $\overline{AB}$ meint das durch die Punkte A und B begrenzte Geradenstück. Die Länge $|AB|$ gibt nur die „Größe“ dieses Geradenstücks an; sie ist eine Zahl.

Der ***Strahl*** oder die ***Halbgerade*** $|AB$ besteht aus den Punkten der Geraden AB, die auf der Strecke $\overline{AB}$ oder auf ihrer Verlängerung über B hinaus liegen. Der Strahl $|AB$ hat den Anfangspunkt A, er hat keinen Endpunkt (↗ Bild 7).

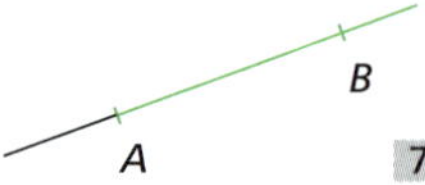

7

BEACHTE Eine Gerade hat weder Anfangs- noch Endpunkt. Ein Strahl hat einen Anfangs-, aber keinen Endpunkt. Eine Strecke hat einen Anfangs- und einen Endpunkt.

1.4 Punkt und Gerade

Ein einziger Punkt *A* bestimmt ein ganzes Geradenbüschel. Durch einen Punkt *A* gehen unendlich viele Geraden (↗ Bild 8).

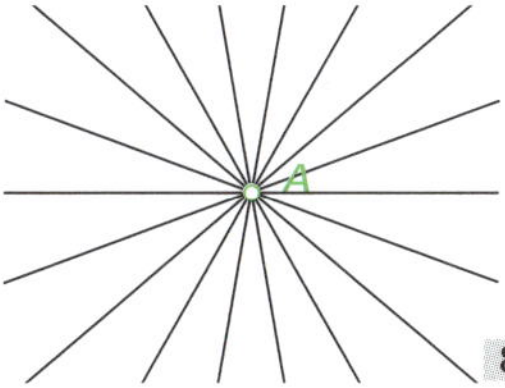

8

Zwei Punkte *A* und *B* bestimmen eine einzige Gerade. Es gibt nur eine einzige Gerade, die sowohl durch *A* als auch durch *B* geht (↗ Bild 9).

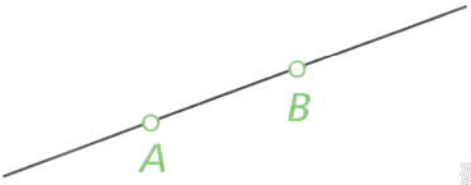

9

Drei (oder mehr) Punkte bestimmen im Allgemeinen *keine* Gerade, denn bei drei (oder mehr) Punkten gibt es im Allgemeinen *keine* Gerade, die durch alle Punkte geht (↗ Bild 10).

10

Ist *B* ein Punkt, der nicht auf der Geraden *g* liegt, so gibt es durch *B* *genau eine* Gerade *h*, die mit *g* keinen gemeinsamen Punkt hat; sie ist die ***Parallele*** zu *g* durch *B* (↗ Bild 11).

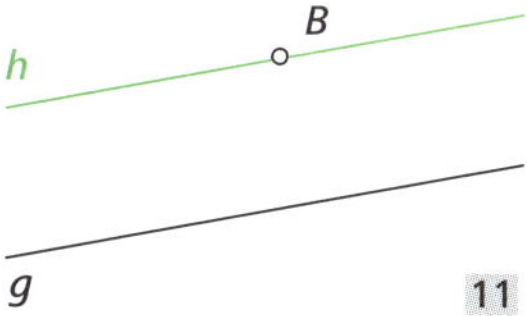

11

Dieses sogenannte ***Parallelenaxiom*** gehört zum Kern jener Sätze, auf denen die euklidische Geometrie aufgebaut ist.

1.5 Gerade und Gerade

In welcher Beziehung können zwei Geraden zueinander stehen?

Zwei Geraden *in einer Ebene* haben entweder einen oder keinen gemeinsamen Punkt; d.h. entweder *schneiden* sie sich oder aber sie sind zueinander ***parallel***.

BEISPIEL So schneiden sich z.B. die Geraden *AB* und *BC* im Punkt *B*, während die Geraden *AD* und *EH*, aber auch *BC* und *FG* parallel sind (↗ Bild 12); dafür schreibt man $AD \parallel EH$ bzw. $BC \parallel FG$.

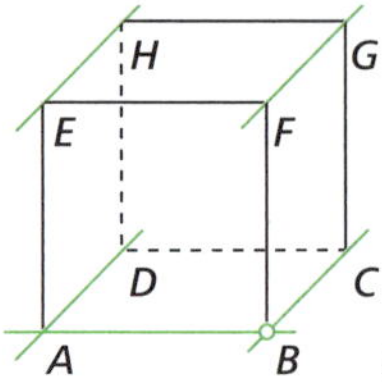

12

Im Raum hingegen brauchen zwei Geraden sich weder zu schneiden noch parallel zu sein; sie können auch ***windschief*** zueinander sein.

BEISPIEL So sind z.B. die Geraden *AB* und *EH* windschief (↗ Bild 13).

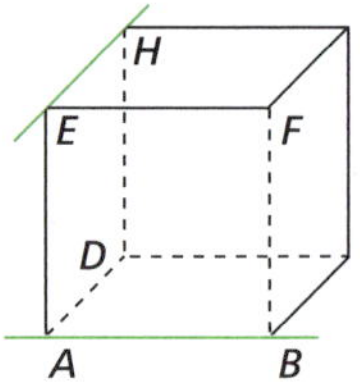

13

1.6 Ebene

Ebenen lassen sich auf unterschiedliche Weise durch Punkte und Geraden festlegen:

Zwei Punkte oder eine einzige Gerade genügen *nicht*, um eine Ebene festzulegen; sie bestimmen vielmehr ein ganzes Ebenenbüschel.

BEISPIEL Bild 14 zeigt das Büschel, das durch die Punkte *A* und *D* bzw. die Gerade *AD* bestimmt wird.

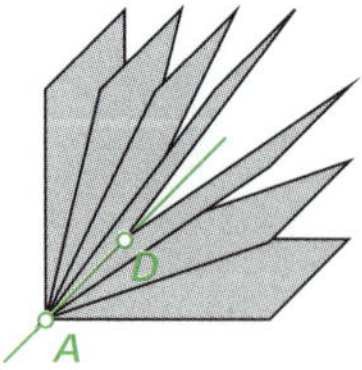

14

Eine Ebene ist festgelegt durch
1. drei Punkte, die nicht auf einer Geraden liegen;
2. einen Punkt und eine Gerade, die diesen Punkt nicht enthält;
3. zwei sich schneidende Geraden;
4. zwei parallele Geraden.

BEISPIELE zu den 4 Möglichkeiten am Würfel (↗ Bild 15):
1. Die drei Punkte *C*, *D*, *H* bestimmen die hintere Begrenzungsebene *CDH* des Würfels.
2. Punkt *G* und Gerade *BC* bestimmen die rechte Begrenzungsebene *BCG* des Würfels.
3. Die Geraden *EF* und *FG* bestimmen die Deckfläche *EFG* des Würfels.
4. Die parallelen Geraden *AE* und *DH* bestimmen die linke Begrenzungsfläche *ADH* des Würfels.

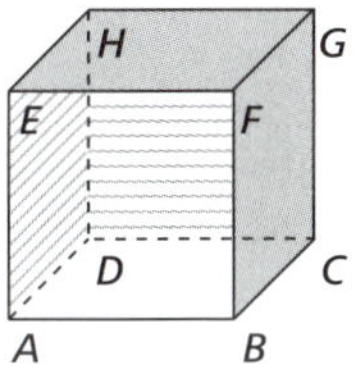

15

1.7 Abstand

Der ***Abstand*** – man sagt auch *Distanz* – zwischen zwei Objekten ist stets ihre kürzeste Verbindung. Was bedeutet das für die ***Abstände zwischen Punkten, Geraden, Ebenen***?

Der *Abstand zwischen zwei Punkten A* und *B* ist die Länge der Verbindungsstrecke $\overline{AB}$ (↗ Bild 16). Man schreibt: $d(A, B) = |AB|$.

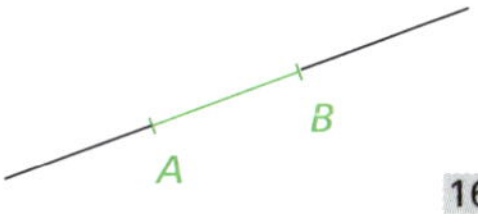

16

Der *Abstand zwischen einem Punkt P und einer Geraden g* ist die Länge ihrer kürzesten Verbindungsstrecke; sie ist die Senkrechte von *P* auf *g*. Man zeichnet deshalb die Senkrechte vom Punkt *P* auf die Gerade *g* (↗ S. 144, Lot fällen). Trifft diese Senkrechte im Punkt *S* auf *g*, so ist $d(P, g) = |PS|$ (↗ Bild 17).

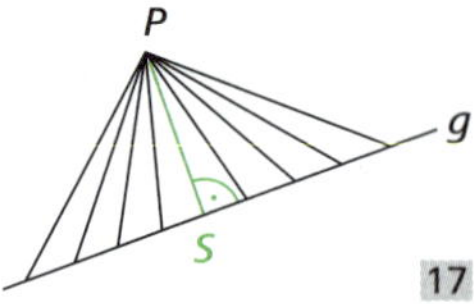

17

Der *Abstand zwischen einem Punkt P und einer Ebene E* ist die Länge ihrer kürzesten Verbindungsstrecke; sie ist die Senkrechte von *P* auf *E*: $d(P, E) = |PS|$ (↗ Bild 18).

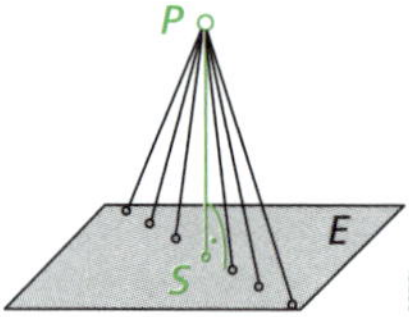

18

Der *Abstand zwischen zwei Geraden g und h* ist die Länge ihrer kürzesten Verbindungsstrecke; das ist eine Senkrechte auf *g* und *h* (↗ Bild 19).

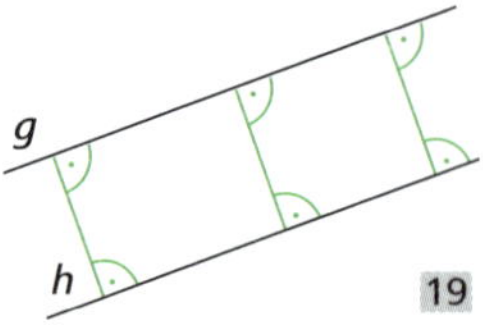

19

BEACHTE Klar, dass der Abstand zwischen zwei sich schneidenden Geraden 0 ist, denn ihre kürzeste Verbindungsstrecke hat die Länge 0.

Der *Abstand zwischen einer Geraden g und einer Ebene E* ist 0, wenn sich *g* und *E* schneiden; sonst ist er gleich der Länge einer Senkrechten auf *g* und *E* (↗ Bild 20).

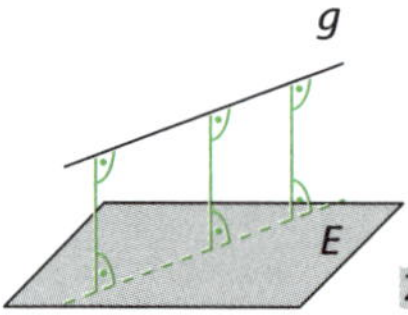

20

Der *Abstand zwischen zwei Ebenen* E_1 *und* E_2 ist 0, wenn sie sich schneiden; sonst ist er gleich der Länge einer Senkrechten auf E_1 und E_2 (↗ Bild 21).

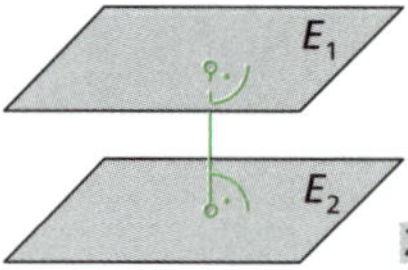

21

Lern-Check: Teste dein Wissen!

Kapitel „Punkt – Gerade – Ebene“	O. K. ✓	Das muss ich noch mal lesen
Ich kann die drei Grundelemente der Geometrie benennen und sie an geometrischen und an realen Gegenständen erkennen.		S. 10, 11
Ich kann die Grundelemente in üblicher Weise bezeichnen und Beispiele für unterschiedliche Bezeichnungsweisen nennen.		S. 10, 11
Ich kann entscheiden, ob ein Punkt zu einer Geraden (bzw. zu einer Ebene) gehört, und dies in Formelsprache angeben.		S. 11
Ich kann entscheiden, ob eine Gerade zu einer Ebene gehört, und dies in Formelsprache angeben.		S. 12
Ich kann erklären, was Strahlen und was Strecken sind, und kann sie in üblicher Weise bezeichnen.		S. 12
Ich kann an Beispielen veranschaulichen, durch wie viele Punkte eine Gerade bestimmt wird.		S. 13
Ich kann erklären, was Parallelen sind, und kann das Parallelenaxiom erläutern.		S. 13
Ich kann die verschiedenen Möglichkeiten nennen, eine Ebene zu bestimmen, und sie an Beispielen veranschaulichen.		S. 14, 15
Ich kann erklären, was Abstand zwischen Punkten, Geraden und Ebenen bedeutet.		S. 15, 16
Ich kann Abstände zwischen Gegenständen ausmessen und in Formelsprache angeben.		S. 15, 16

2 Winkel

In welcher Richtung geht's nach …? Gleichgültig, ob in einer fremden Stadt, ob in unwegsamem Gebiet oder auf offener See, ob hoch oben in den Wolken oder gar jenseits davon – präzise Orientierung bedarf der Angabe von *Winkeln*.

Es waren die Babylonier, die vor mehr als vier Jahrtausenden das bis heute gebräuchliche Winkelmaß schufen. Es beruht auf der Unterteilung des Vollwinkels in 360 gleiche Teile. Und sie haben sich diese Einteilung im wahrsten Sinne des Wortes „vom Himmel geholt", denn sie geht zurück auf den alljährlich sich wiederholenden Lauf von Sonne und Sternen.

2.1 Drehung und Winkel

Wird ein Strahl um einen Punkt gedreht, so entsteht ein ***Winkel***; er gibt an, um welches „Stück" gedreht wird.

Der ***Drehpunkt*** *S* heißt ***Scheitel***. Die begrenzenden Strahlen *a* und *b* heißen ***Schenkel***. Der bei der Drehung des Strahls überstrichene Bereich heißt ***Winkelfeld*** (↗ Bild 1).

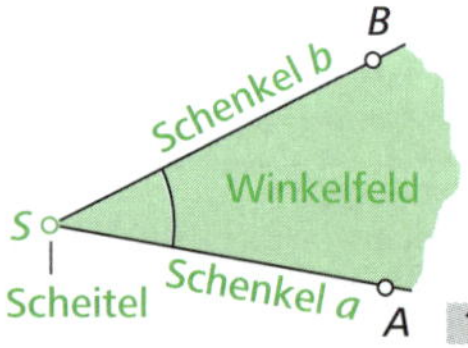

1

BEACHTE Winkel werden unterschiedlich bezeichnet (↗ Bild 2):

- durch die beiden Schenkel: $\sphericalangle (a, b)$

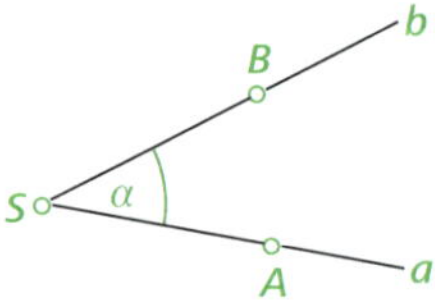

2

- durch drei Punkte: dabei liegen der erste und der dritte auf den Schenkeln, der zweite ist der Scheitel: $\measuredangle\, ASB$
- durch einen kleinen griechischen Buchstaben: α (weitere griechische Buchstaben sind: β, γ, δ, ε, ..., λ, φ, ω).

Mitunter ist es angebracht, außer der Größe auch den Drehsinn zu berücksichtigen. Man spricht dann von ***orientierten Winkeln***. Die übliche Drehrichtung ist jene im Gegenuhrzeigersinn; man nennt sie die ***mathematisch positive Drehrichtung***.

Ein Winkel, der durch Drehung im Gegenuhrzeigersinn erzeugt wird, heißt *Winkel im Gegenuhrzeigersinn* oder ***linksorientierter Winkel*** oder ***positiver Winkel*** (↗ Bild 3).

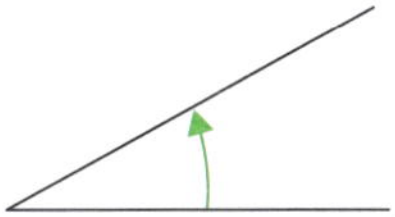

3

Ein Winkel, der durch Drehung im Uhrzeigersinn erzeugt wird, heißt *Winkel im Uhrzeigersinn* oder ***rechtsorientierter Winkel*** oder ***negativer Winkel*** (↗ Bild 4).

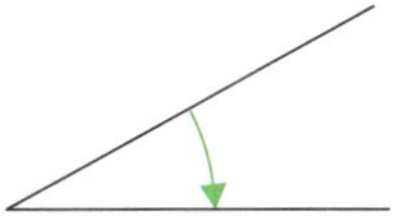

4

BEISPIELE

- $\alpha = 35°$ oder $\alpha = +\,35°$ meint einen Winkel der Größe 35° im mathematisch positiven Drehsinn (im Gegenuhrzeigersinn).
- $\beta = -\,115°$ bezeichnet einen Winkel der Größe 115° im mathematisch negativen Drehsinn (im Uhrzeigersinn).

2.2 Gradmaß

Einen Winkel messen heißt: ihn mit dem ***Vollwinkel*** vergleichen. Dazu wird der Vollwinkel gleichmäßig unterteilt.

Die Zerlegung des Vollwinkels in 360 gleiche Teile führt zum ***Gradmaß*** (genauer: Altgrad) (↗ Bild 5):

- 1 ***Grad*** (in Zeichen: 1°) ist der 360. Teil des Vollwinkels.
- 1 ***Minute*** (in Zeichen: 1′) ist der 60. Teil von 1°.
- 1 ***Sekunde*** (in Zeichen: 1″) ist der 60. Teil von 1′.

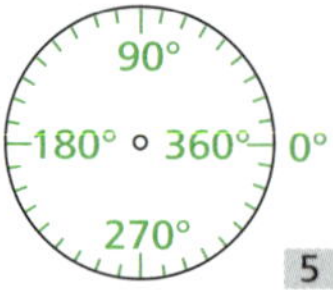

5

FEHLERQUELLE Neben Grad – genauer ***Altgrad*** – wird gelegentlich auch in ***Neugrad*** gemessen. 1 Neugrad ist der 400. Teil des Vollwinkels (↗ Bild 6). Auf Taschenrechnern wird Altgrad mit „DEG" und Neugrad mit „GRAD" bezeichnet.

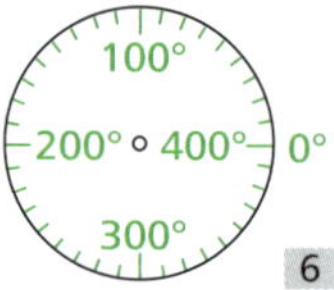

6

2.3 Bogenmaß

Winkel lassen sich messen, indem Längen gemessen werden – allerdings Längen von Kreisbögen; denn je länger der Bogen, desto größer der Winkel.

Und so misst man Winkel im ***Bogenmaß***:
1. dem Winkel wird der Einheitskreis einbeschrieben;
2. man misst die Länge des zugehörigen Bogens b; seine Länge gibt die Größe des Winkels an (↗ Bild 7).

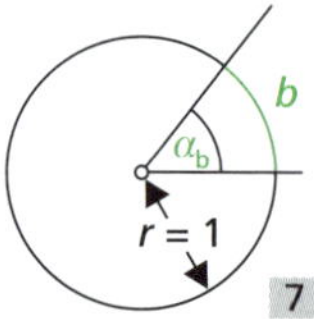

7

> Der Vollwinkel misst im Bogenmaß 2π, denn er ist so groß wie der Umfang des Einheitskreises (↗ S. 105 f.). Dem Bogenmaß wird manchmal die Bezeichnung „RAD" beigefügt.

Ein Winkel steht zum Vollwinkel in einem bestimmten Verhältnis – gleichgültig, ob in Grad, Neugrad oder im Bogenmaß gemessen wird. Das bedeutet:

$$\frac{\alpha}{360°} = \frac{\alpha_n}{400°} = \frac{\alpha_b}{2\pi}.$$

(derselbe Winkel in Grad (α), in Neugrad (α_n) und im Bogenmaß (α_b))

α in Grad	α_n in Neugrad	α_b im Bogenmaß
360	400	2π
180	200	π
90	100	$\pi/2$
10	100/9	$\pi/18$
1	10/9	$\pi/180$
9/10	1	$\pi/200$
$180/\pi$	$200/\pi$	1

2.4 Winkelsorten

Vollwinkel
$\alpha = 360°$
Er entsteht durch eine volle Drehung.
(↗ Bild 8)

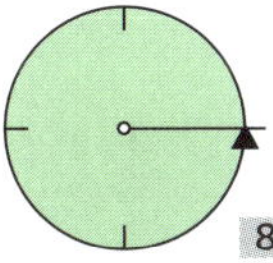
8

überstumpfer Winkel
$180° < \alpha < 360°$
zwischen Voll- und Halbdrehung
(↗ Bild 9)

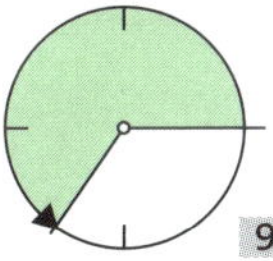
9

gestreckter Winkel
$\alpha = 180°$
Halbdrehung
(↗ Bild 10)

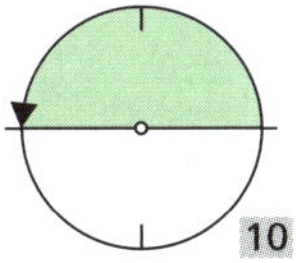
10

stumpfer Winkel
$90° < \alpha < 180°$
zwischen Halb- und Vierteldrehung
(↗ Bild 11)

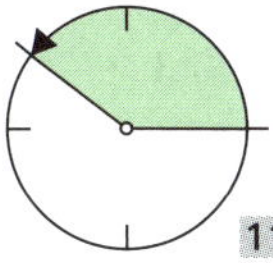
11

rechter Winkel
$\alpha = 90°$
Vierteldrehung
(↗ Bild 12)

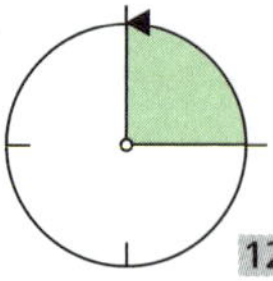

12

spitzer Winkel
$0° < \alpha < 90°$
weniger als Vierteldrehung
(↗ Bild 13)

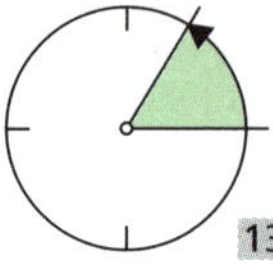

13

Nullwinkel
$\alpha = 0°$
Nulldrehung
(↗ Bild 14)

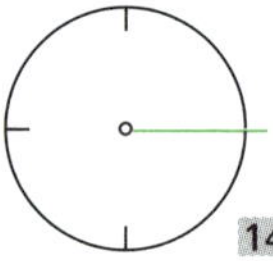

14

2.5 Kreuzungen und Doppelkreuzungen

Zwei sich schneidende Geraden bilden eine Kreuzung; dabei entstehen vier Winkel.

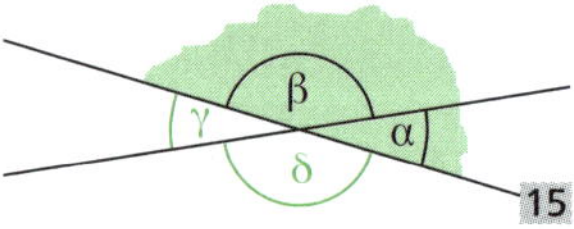

15

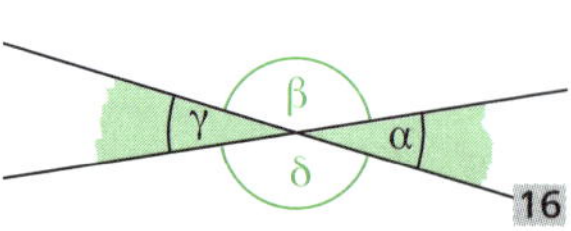

16

Nebenwinkel sind je zwei aneinanderliegende Winkel einer Geradenkreuzung. In der Abbildung sind dies die Paare (α; β), (β; γ), (γ; δ), (δ; α) (↗ Bild 15).

> Je zwei Nebenwinkel ergänzen sich zu 180° (↗ Bild 15).

Scheitelwinkel sind je zwei gegenüberliegende Winkel einer Geradenkreuzung. In der Abbildung sind dies die Paare (α; γ), (β; δ) (↗ Bild 16).

> Je zwei Scheitelwinkel sind gleich (↗ Bild 16).

Zwei Geraden, die von einer dritten geschnitten werden, bilden eine Doppelkreuzung; dabei entstehen acht Winkel, wie man auf den Bildern 17 und 18 sieht.

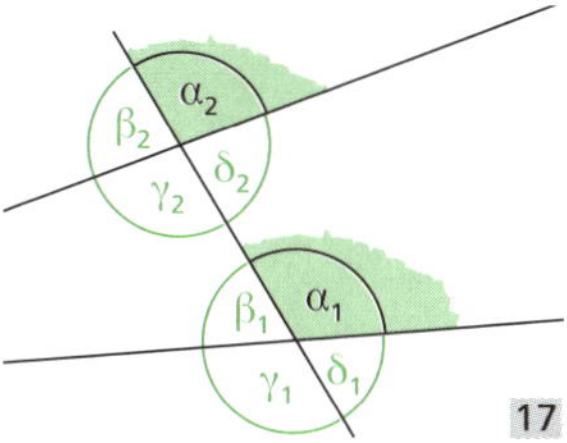

17

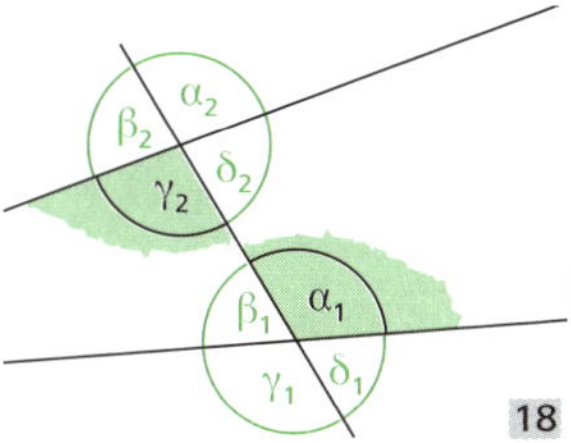

18

Stufenwinkel haben sowohl zur schneidenden als auch zu den geschnittenen Geraden die gleiche Lage. In Bild 17 sind dies die Paare $(\alpha_1; \alpha_2)$, $(\beta_1; \beta_2)$, $(\gamma_1; \gamma_2)$, $(\delta_1; \delta_2)$.

Wechselwinkel wechseln ihre Lage sowohl zur schneidenden als auch zu den geschnittenen Geraden. In Bild 18 sind dies die Paare $(\alpha_1; \gamma_2)$, $(\beta_1; \delta_2)$, $(\gamma_1; \alpha_2)$, $(\delta_1; \beta_2)$.

2.6 Winkel an Parallelen

Parallelität von Geraden erzwingt strikte Gesetzmäßigkeiten für Winkel, die durch eine schneidende Gerade erzeugt werden. Und umgekehrt! Gesetzmäßigkeiten für Winkel bei Doppel- und Mehrfachkreuzungen erlauben Rückschlüsse auf Parallelität.

Werden parallele Geraden von einer weiteren Geraden geschnitten, dann sind Stufenwinkel gleich groß. Sind Stufenwinkel gleich groß, dann sind die geschnittenen Geraden parallel (↗ Bild 19).

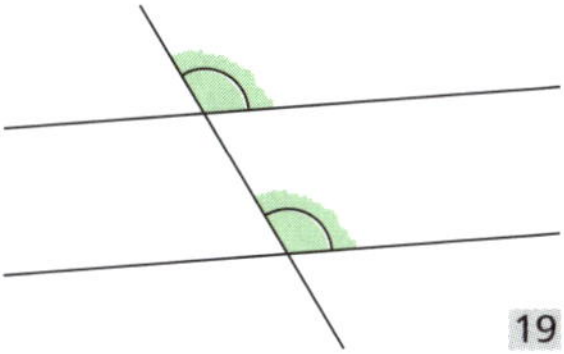

19

> Werden parallele Geraden von einer weiteren Geraden geschnitten, dann sind Wechselwinkel gleich groß. Sind Wechselwinkel gleich groß, dann sind die geschnittenen Geraden parallel (↗ Bild 20).

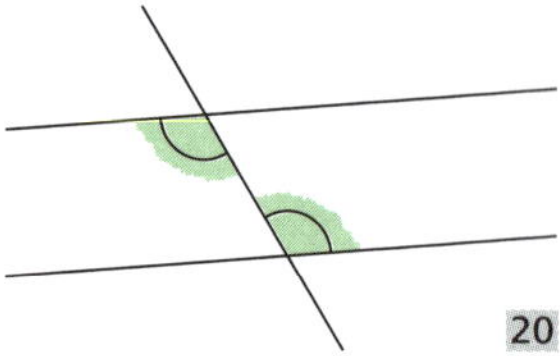

20

2.7 Winkel beim Dreieck

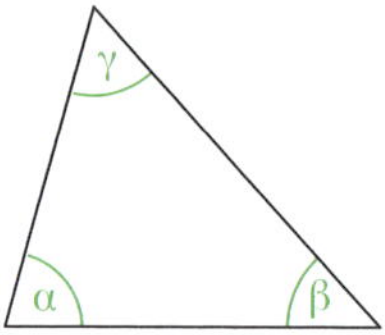

21

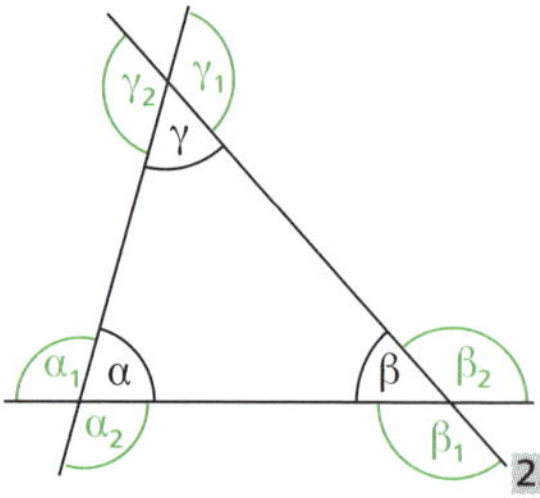

22

Innenwinkel liegen innerhalb des Dreiecks; sie werden von zwei Dreiecksseiten gebildet. α, β, γ sind Innenwinkel (↗ Bild 21).

Außenwinkel liegen außerhalb des Dreiecks; sie werden von einer Seite und der Verlängerung ihrer Nachbarseite gebildet. α_1, α_2, β_1, β_2, γ_1, γ_2 sind Außenwinkel (↗ Bild 22).

> Jeder Innen- und sein anliegender Außenwinkel ergänzen sich zu 180°.

Denn: Innen- und anliegender Außenwinkel ergeben einen gestreckten Winkel (↗ Bild 23).

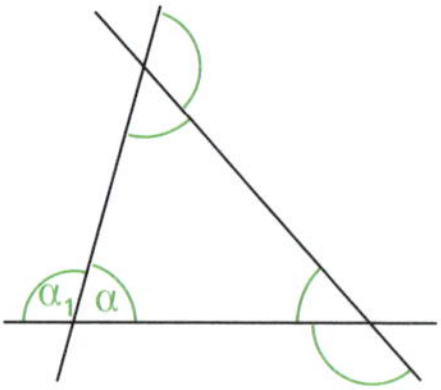

23

Die Summe aller sechs Außenwinkel beträgt $2 \cdot 360°$.

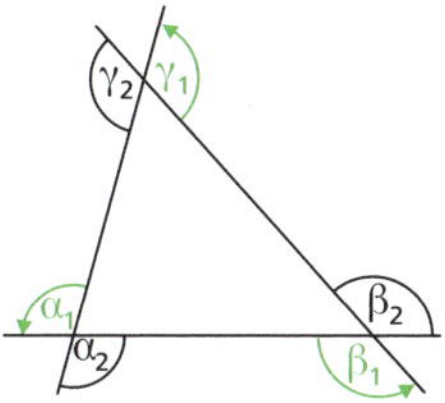

24

Denn: Umrundet man das Dreieck, ändert man an jedem Eckpunkt die Richtung. Jede Richtungsänderung entspricht einem Außenwinkel. Nach einem kompletten Umlauf hat man wieder die ursprüngliche Richtung; also ist $\alpha_1 + \beta_1 + \gamma_1$ der Vollwinkel (↗ Bild 24).

Die Summe aller Innenwinkel beträgt 180°.

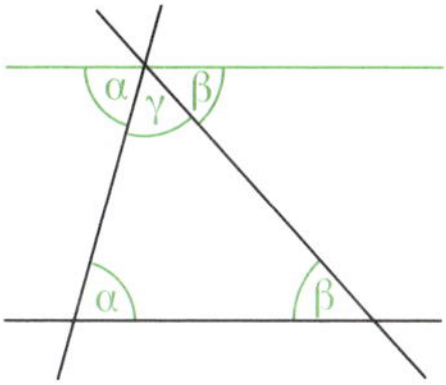

25

Denn: Eine Parallele zu einer Dreiecksseite zeigt: Die drei Innenwinkel ergeben einen gestreckten Winkel (↗ Bild 25).

2.8 Winkel beim Viereck

Innenwinkel liegen innerhalb des Vierecks; sie werden von zwei benachbarten Vierecksseiten gebildet. α, β, γ, δ sind Innenwinkel (↗ Bild 26).

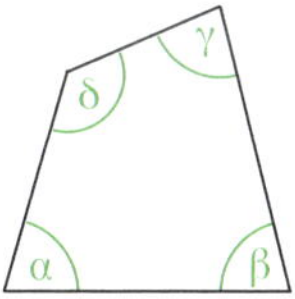

26

Außenwinkel liegen außerhalb des Vierecks; sie werden von einer Seite und der Verlängerung ihrer Nachbarseite gebildet. α_1, α_2; β_1, β_2; γ_1, γ_2; δ_1, δ_2 sind Außenwinkel (↗ Bild 27).

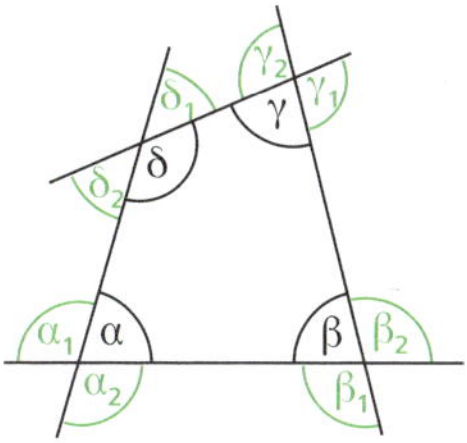

27

Jeder Innenwinkel und sein anliegender Außenwinkel ergänzen sich zu 180°.

Denn wie beim Dreieck gilt: Innen- und anliegender Außenwinkel ergeben einen gestreckten Winkel (↗ Bild 28).

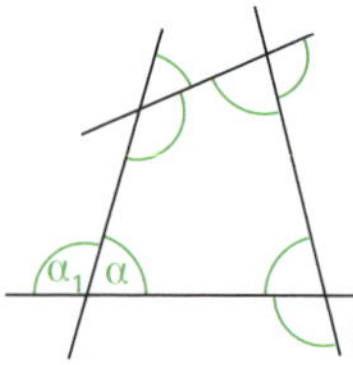

28

Die Summe aller acht Außenwinkel beträgt 2 · 360°.

Denn wie beim Dreieck (↗ S. 25) gilt: Die Richtungsänderungen bei einem kompletten Umlauf summieren sich zum Vollwinkel:
$\alpha_1 + \beta_1 + \gamma_1 + \delta_1 = 360°$ (↗ Bild 29).

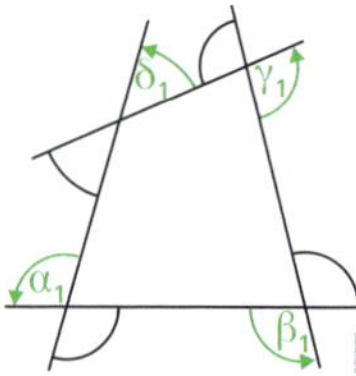

29

Die Summe aller Innenwinkel beträgt 2 · 180°.

Denn: Ein Viereck lässt sich in zwei Dreiecke zerlegen. Die Summe der Innenwinkel ist doppelt so groß wie beim Dreieck (↗ Bild 30).

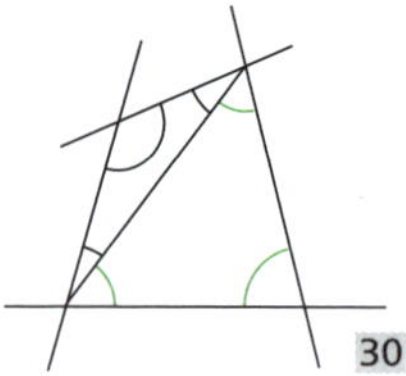
30

2.9 Winkel beim Vieleck

Innenwinkel liegen innerhalb des Vielecks; sie werden von zwei benachbarten Vielecksseiten gebildet. $\alpha_1, \alpha_2, \alpha_3, \ldots \alpha_n$ sind Innenwinkel (↗ Bild 31).

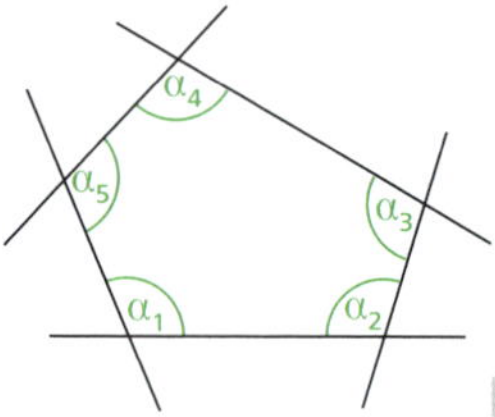

31

Außenwinkel liegen außerhalb des Vielecks, gebildet von einer Seite und der Verlängerung ihrer Nachbarseite.
$\beta_1, \beta_2, \beta_3, \ldots \beta_n; \gamma_1, \gamma_2, \gamma_3, \ldots \gamma_n$ sind Außenwinkel (↗ Bild 32).

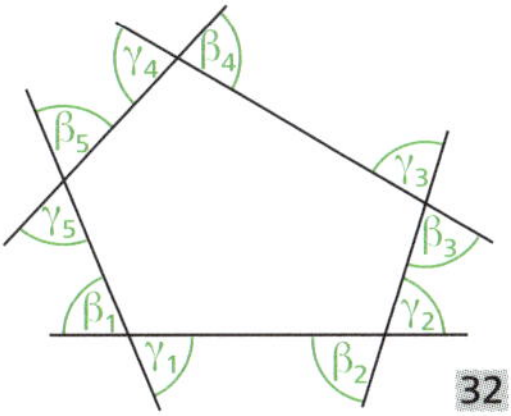

32

Jeder Innenwinkel und sein anliegender Außenwinkel ergänzen sich zu 180°.

Denn wie beim Dreieck gilt: Innen- und anliegender Außenwinkel ergeben einen gestreckten Winkel (↗ Bild 33).

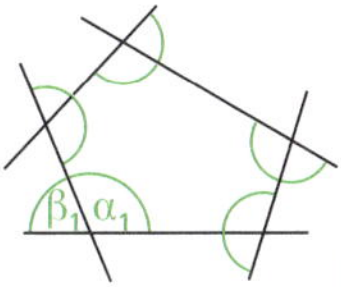

33

Die Summe aller 2 · *n* Außenwinkel beträgt 2 · 360°.

Denn wie beim Dreieck (↗ S. 25) gilt: Die Richtungsänderungen bei einem kompletten Umlauf summieren sich zum Vollwinkel:
$\beta_1 + \beta_2 + \beta_3 + \ldots + \beta_n = 360°$
(↗ Bild 34).

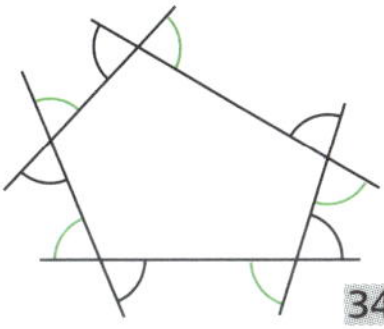
34

Die Summe aller Innenwinkel beim *n*-Eck beträgt (*n* – 2) · 180°.

Denn: Ein 5-Eck lässt sich in 3, ein 6-Eck in 4, …, ein n-Eck in $(n-2)$ Dreiecke zerlegen.
Die Summe der Innenwinkel beim n-Eck beträgt also $(n-2) \cdot 180°$ (↗ Bild 35).

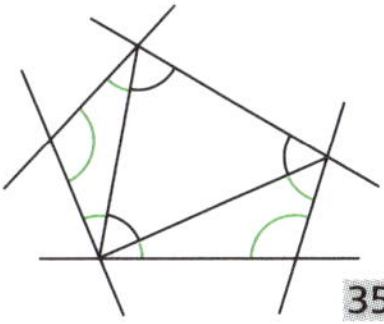
35

2.10 Winkel beim regelmäßigen Vieleck

Beim regelmäßigen Vieleck (↗ S. 82) sind alle Seiten gleich lang und alle Winkel einer Sorte gleich groß.

Bei einem regelmäßigen *n*-Eck misst jeder Außenwinkel $\alpha_a = \frac{360°}{n}$.

Denn: Die Summe von *n* Außenwinkeln beträgt 360° und hier sind alle *n* Winkel gleich groß (↗ Bild 36).

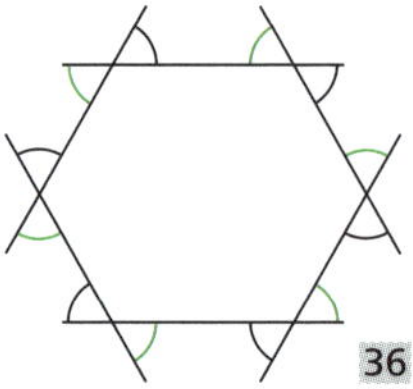

36

Bei einem regelmäßigen *n*-Eck misst jeder Innenwinkel $\alpha_i = 180° - \frac{360°}{n}$.

Denn: Innen- und Außenwinkel bilden einen gestreckten Winkel (↗ Bild 37).

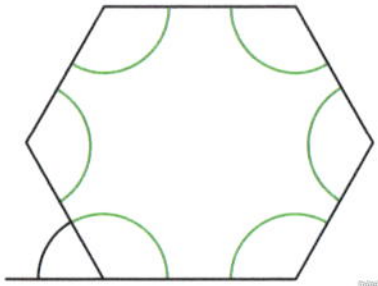

37

Bei einem regelmäßigen *n*-Eck misst jeder Mittelpunktswinkel $\alpha_m = \frac{360°}{n}$.

Denn: Die *n* Mittelpunktswinkel bilden einen Vollwinkel. Und die *n* Mittelpunktswinkel sind gleich groß (↗ Bild 38).

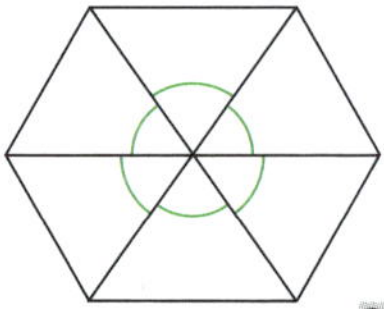

38

2.11 Winkel am Kreis

Am Kreis allein fällt kein Winkel ins Auge. Eine zusätzliche Gerade – und schon drängen sich Winkel auf. Die Begriffe *Sehne* und *Tangente* werden auf ↗ S. 88 f. erklärt.

Ist $\overline{AB}$ eine Sehne des Kreises mit dem Mittelpunkt M, dann heißt $\sphericalangle\ AMB$ ***Mittelpunktswinkel*** (↗ Bild 39).

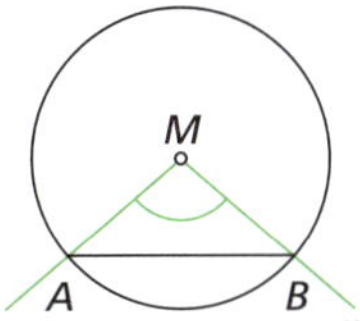

39

Ist $\overline{AB}$ eine Kreissehne und S ein Punkt auf dem Kreisumfang, dann heißt $\sphericalangle\ ASB$ ***Umfangswinkel*** (↗ Bild 40).

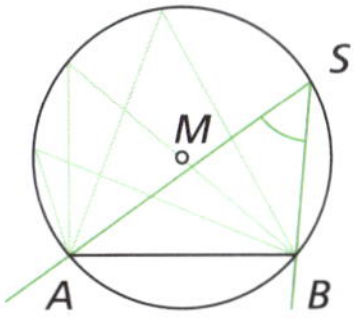

40

BEACHTE Zu *einer* Sehne gehören *ein* Mittelpunktswinkel und *unendlich viele* Umfangswinkel.

Ist $\overline{AB}$ eine Sehne und sind t_a, t_b Kreistangenten in A bzw. B, dann heißt der von der Sehne $\overline{AB}$ und einer Tangente eingeschlossene Winkel ***Sehnentangentenwinkel*** (↗ Bild 41).

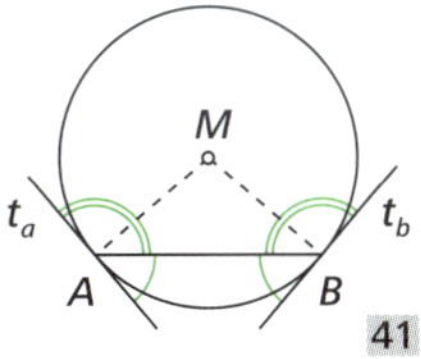

41

BEACHTE Sowohl in A als auch in B entstehen *je zwei* Sehnentangentenwinkel; sie ergänzen sich zu 180° (↗ Bild 41).

2.12 Noch einmal: Winkel am Kreis

> Der Mittelpunktswinkel δ ist doppelt so groß wie der auf der gleichen Seite der Sehne liegende Umfangswinkel φ (↗ Bild 42).

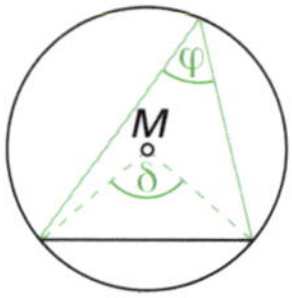

42

Denn: Die Figur lässt sich in *gleichschenklige* Dreiecke zerlegen (↗ Bild 43).
Jetzt kann man nachrechnen:

$\delta + \delta_1 + \delta_2 = 360°$

$\Rightarrow \delta + (180° - 2\,\alpha)$
$\quad + (180° - 2\,\beta) = 360°$

$\Rightarrow \delta = 2\,(\alpha + \beta) = 2\,\varphi$

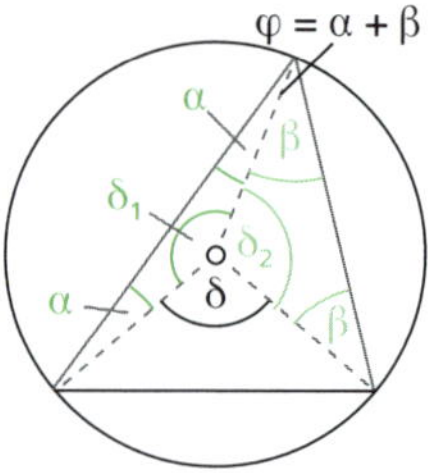

43

> Der Mittelpunktswinkel δ ist doppelt so groß wie der zum gleichen Bogen gehörende Sehnentangentenwinkel σ (↗ Bild 44).

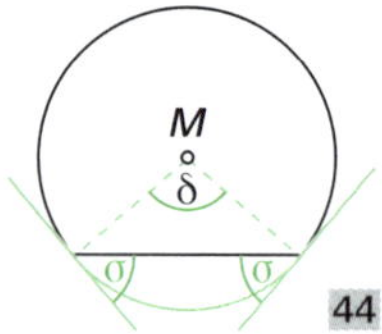

44

Denn: Der Radius steht senkrecht auf der Tangente (↗ S. 90).
Also ist (↗ Bild 45):

$\sigma + \alpha = 90°$

und außerdem (wegen Winkelsumme im grün gezeichneten Dreieck):

$\frac{\delta}{2} + \alpha = 90°$

$\Rightarrow \sigma = \frac{\delta}{2}$ oder $\delta = 2\,\sigma$.

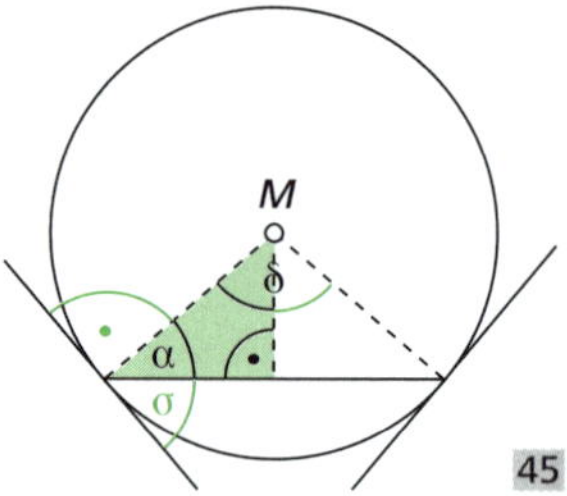

45

Umfangswinkel auf demselben Bogen sind gleich (↗ Bild 46).

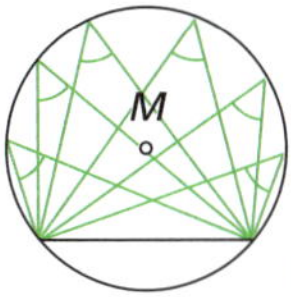

46

Denn: Gleicher Mittelpunktswinkel bedeutet gleicher Umfangswinkel.

Die Umfangswinkel φ_1 und φ_2 auf einem Bogen und dem Restbogen ergänzen sich zu 180° (↗ Bild 47).

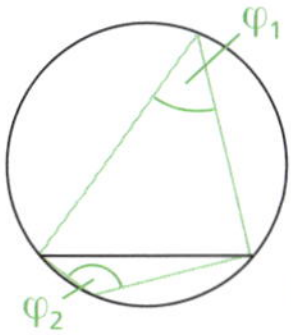

47

Denn: Das Viereck lässt sich in *gleichschenklige* Dreiecke zerlegen (↗ Bild 48).
Die Rechnung zeigt:
$2\,\alpha + 2\,\beta + 2\,\gamma + 2\,\delta = 360°$
$\Rightarrow (\alpha + \beta) + (\gamma + \delta) = 180°$
$\Rightarrow \varphi_1 + \varphi_2 = 180°$

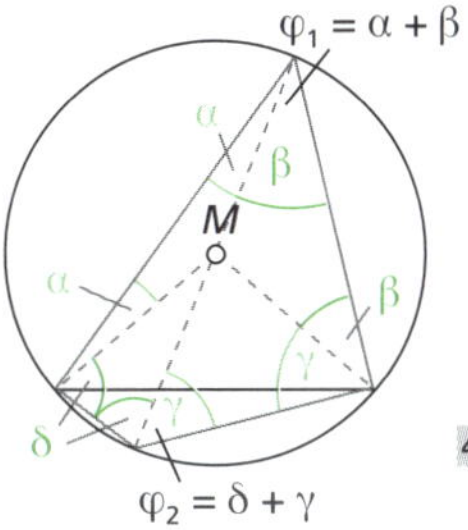

48

2

Der Sehnentangentenwinkel σ und der zum gleichen Bogen gehörende Umfangswinkel φ sind gleich groß (↗ Bild 49).

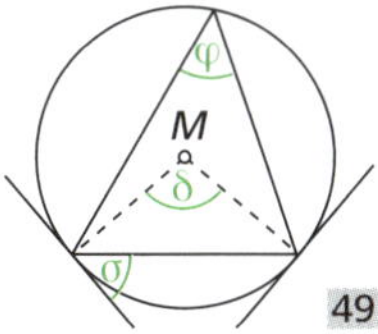

49

Denn: Beide sind halb so groß wie ihr zugehörender Mittelpunktswinkel.

Lern-Check: Teste dein Wissen!

Kapitel „Winkel“	O.K. ✔	Das muss ich noch mal lesen
Ich kann den Zusammenhang von Drehung und Winkel erläutern und die Elemente bezeichnen, welche den Winkel charakterisieren.		S. 18
Ich kann Winkel bezeichnen – auf unterschiedliche Weise.		S. 18, 19
Ich kann Winkel messen und kann erklären, von welchem besonderen Winkel sich alle anderen ableiten.		S. 19, 20
Ich kann verschiedene Winkelmaße nennen und Winkel von einem Maß ins andere umrechnen.		S. 20, 21
Ich kann die Winkelsorten aufzählen und beschreiben.		S. 21, 22
Ich kann die Winkel benennen, die von zwei sich schneidenden Geraden erzeugt werden, und ihre Beziehungen angeben.		S. 22
Ich kann die Winkel benennen, die von einer Geraden erzeugt werden, die zwei andere Geraden schneidet, und ich kann ihre Beziehungen angeben.		S. 23, 24
Ich kann erkennen und erläutern, was Innen- und Außenwinkel bei Dreiecken (Vierecken, ..., n-Ecken) sind, und ich kann ihre Winkelsummen angeben.		S. 24–27
Ich kann angeben, wie groß bei einem *regelmäßigen* Dreieck (Viereck, ..., n-Eck) die Innenwinkel, die Außenwinkel und die Mittelpunktswinkel sind.		S. 28
Ich kann unterschiedliche Winkel bei einem Kreis mit einer Sehne benennen, skizzieren und beschreiben.		S. 29
Ich kann die Beziehungen angeben, die zwischen den Winkeln am Kreis bezüglich einer festen Sehne bestehen.		S. 30, 31

Symmetrie

Symmetrie – allüberall
Wir sind umgeben von Symmetrien.
Symmetrie ist erlebbar –
in der gleichförmigen Abfolge von Tag und Nacht,
im rhythmischen Wechsel der Jahreszeiten.
Symmetrie ist hörbar –
in Versmaß und Reim eines Gedichts,
in Melodie und Rhythmus von Lied und Hit.
Symmetrie ist sichtbar –
in Ornamenten und Bauwerken,
in belebter und unbelebter Natur,
im mikroskopisch Kleinen und majestätisch Großen.

Auf symmetrische Strukturen treffen wir u. a. bei Molekülen und Kristallen, bei Schneeflocken und Sanddünen, bei Blattformen und Blumen, bei Viren und Bakterien, bei Quallen und Korallen, bei Schmetterlingen und Faltern, bei Fischen und Vögeln – und beim Menschen.

3.1 Abbildungen

Abbildungen begegnen uns tagtäglich: in Zeitungen wie in Büchern, im Kino wie im Fernsehen, auf Fotos wie in Zeichnungen und Gemälden. Abbildungen sind ein Ersatz für ihre Originale, deshalb stehen Original und Bild stets in mehr oder weniger enger Beziehung zueinander. Manchmal erkennt man im Bild Eigenschaften des Originals sofort wieder, manchmal geschieht das „Wiedererkennen“ nicht auf den ersten Blick.

BEACHTE In der Mathematik unterscheidet man Abbildungstypen danach, welche Eigenschaften bei der Abbildung unverändert erhalten bleiben.

Bei ***Spiegelungen*** und ***Drehungen*** beispielsweise bleiben Winkel und Längen unverändert (↗ Bilder 1 und 2).

Bei ***Vergrößerungen*** bleiben Winkel unverändert (↗ Bild 3).

Bei einseitigen ***Dehnungen*** bleiben Geraden als Geraden erhalten (↗ Bild 4).

Bei anderen Abbildungen bleiben nicht einmal Geraden als solche erhalten (↗ Bild 5).

So unterschiedlich Abbildungen auch sein mögen, eines ist unverzichtbar und charakterisiert sie:

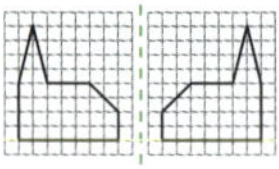

1

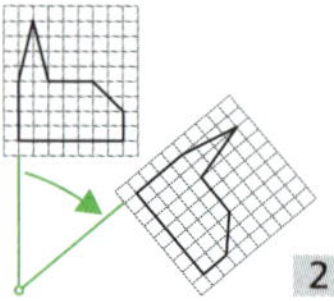

2

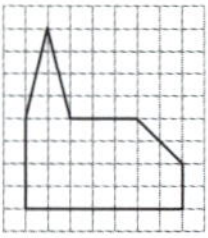

3

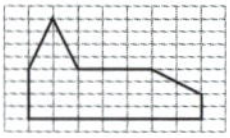

4

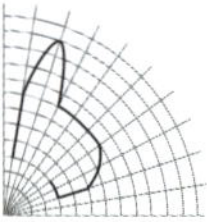

5

> Eine Abbildung ist eine Zuordnung zwischen Original und Bild. Sie genügt zwei Eigenschaften:
> - Jedem Punkt ist ein Bildpunkt zugeordnet.
> - Einem Punkt ist stets nur ein Bildpunkt zugeordnet – nicht etwa zwei oder gar mehr Bildpunkte.

3.2 Symmetrie – was ist das?

Mit Symmetrie verbindet man die Vorstellung von Ordnung und Harmonie, von Eben- und Regelmaß, im Gegensatz zu Unausgewogenheit und Unordnung, zu Willkür und Chaos. Diese Vorstellungen sind sehr allgemein und mathematisch kaum handhabbar.

Wir fragen:
- Was sind Merkmale der Symmetrie?
- Wie lässt sich Symmetrie feststellen?
- Welche Symmetriearten gibt es?

Der Kreis ist eine hochsymmetrische Figur: Wie man ihn auch dreht und wendet, er bleibt als Ganzes wie er war! Er ist symmetrisch, weil er trotz Änderungen als Ganzes unverändert bleibt (↗ Bild 6).

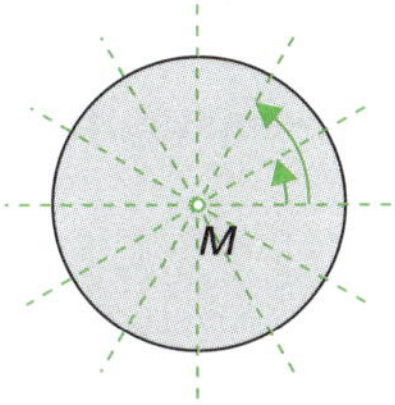

6

Anders das Rechteck: Vier Abbildungen lassen es unverändert: zwei Drehungen, nämlich um *S* (den Schnittpunkt der Diagonalen) um 180° bzw. um 0°; zwei Spiegelungen, nämlich um die Mittelsenkrechten der Seiten.

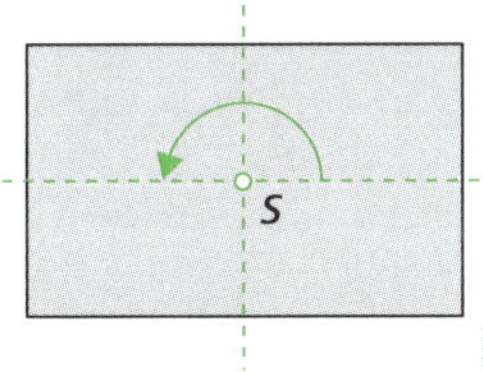

7

Alle anderen Abbildungen bringen das Rechteck in eine veränderte Lage; also hat es „nur" vierfache Symmetrie (↗ Bild 7).

Noch anders verhält es sich beim abgebildeten Kachelmuster, hier stiften Verschiebungen die Symmetrien: Verschiebungen um *a* und Vielfache davon; Verschiebungen um *b* und Vielfache davon; Kombinationen von *a* und *b* (↗ Bild 8).

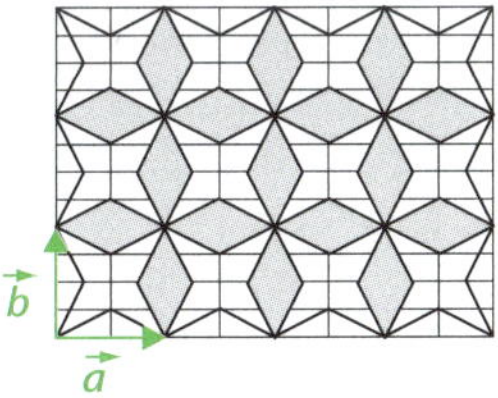

8

Eine Figur ist ***symmetrisch***, wenn sie bei bestimmten Abbildungen (↗ S. 33 f.) als Ganzes unverändert bleibt.

3

Trotz Veränderung unverändert – das ist Merkmal von Symmetrie! *Trotz Bewegung am gleichen Platz* – das ist der Test auf Symmetrie! *Spiegelungen, Drehungen, Verschiebungen* – sie legen Symmetrien fest.

3.3 Achsensymmetrie

Eine Figur ist *achsen- oder spiegelsymmetrisch* bezüglich der Achse *a*, wenn sie durch ***Spiegelung*** an dieser Achse *a* als Ganzes unverändert bleibt.
Die Achse *a* heißt ***Symmetrieachse***.

Bei der ***Achsenspiegelung*** wird jeder Punkt von der einen auf die andere Seite der Achse *a* abgebildet. Punkt *P* und sein Bildpunkt *P′* haben von der Achse *a* gleichen Abstand.

Und so überprüft man ***Achsensymmetrie***: *Jeder* Punkt *P* einer Figur muss beim Umklappen um die Achse *a* auf einen Punkt *P′* derselben Figur fallen. Deshalb:

1. Wähle einen Punkt *P* der Figur – irgendeinen (↗ Bild 9).
2. Fälle das Lot von *P* auf die Achse und verlängere es über die Achse hinaus (↗ Bild 10).
3. Markiere *P′* – er liegt auf dem Lot und in gleichem Abstand von der Achse wie *P* (↗ Bild 11).
4. Jetzt zeigt es sich: Liegt für jeden beliebigen Punkt *P* auch sein Bildpunkt *P′* in der Figur, dann ist eine solche Figur achsensymmetrisch.

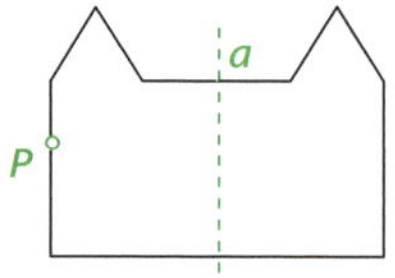

9

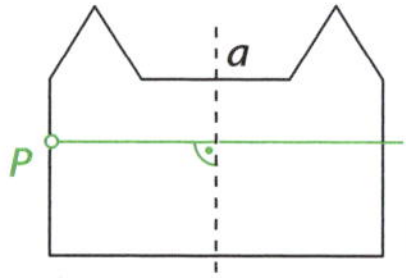

10

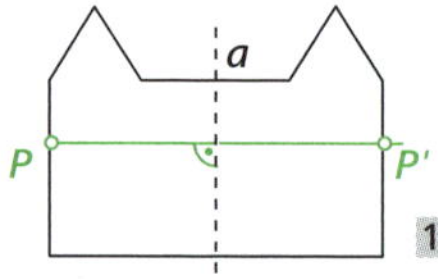

11

BEISPIELE

1. Achsensymmetrie zeigen nahezu alle Lebewesen.
2. Achsensymmetrisch sind geometrische Figuren wie z. B. gleichschenklige Dreiecke und Drachen.
3. Gleichseitige Dreiecke, Rechtecke, Quadrate weisen mehrfache Achsensymmetrie auf.

3.4 Drehsymmetrie

> Eine Figur ist *dreh-* oder auch *rotationssymmetrisch* bezüglich des Punktes *D*, wenn sie bei einer Drehung um diesen Punkt *D* als Ganzes unverändert bleibt.

Der Punkt *D* heißt ***Drehpunkt***. Der ***Drehwinkel*** φ gibt den Winkel an, um den gedreht werden muss, damit die Figur zur Deckung kommt (↗ Bild 12).

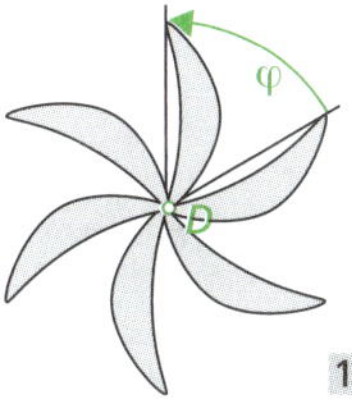

12

Und so überprüft man *Drehsymmetrie*:

1. Wähle einen Punkt *A* der Figur – irgendeinen (↗ Bild 13).
2. Drehe *A* um den Drehpunkt *D* – der Drehwinkel wächst.
3. Jetzt zeigt es sich: Liegt bei einem Drehwinkel $\varphi < 360°$ wieder *jeder* Bildpunkt innerhalb der Figur, so ist sie drehsymmetrisch (↗ Bild 13).

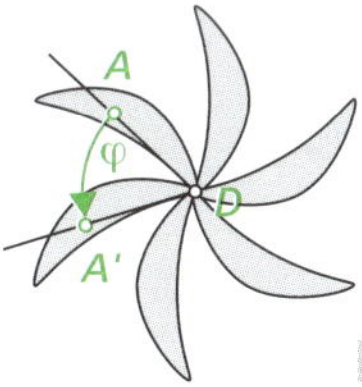

13

SONDERFALL Jede Figur – ausnahmslos jede – ist drehsymmetrisch, nämlich um den Drehwinkel 360°. Eine Drehung um 360° bewirkt das Gleiche wie eine um 0°. Deshalb werden sie nicht unterschieden und man schreibt $d_{360} = d_0$.

BEISPIELE

1. Drehsymmetrie findet man bei vielen Blumen und Blüten, bei Quallen und Seesternen, bei Kleinstlebewesen und Kristallen.
2. Rechtecke haben 2 Drehsymmetrien: um 0° und um 180°, Quadrate haben 4 Drehsymmetrien: um 0°, 90°, 180°, 270°, regelmäßige n-Ecke haben n Drehsymmetrien:

   um $0°,\ 1 \cdot \frac{360°}{n},\ 2 \cdot \frac{360°}{n},\ 3 \cdot \frac{360°}{n},\ \ldots,\ (n-1) \cdot \frac{360°}{n}$.

   Kreise haben unendlich viele Drehsymmetrien: Sie können um jeden beliebigen Winkel gedreht werden und bleiben dabei als Ganzes unverändert.

3.5 Punktsymmetrie

Eine Figur ist *punktsymmetrisch* bezüglich des Punktes *P*, wenn sie bei einer Punktspiegelung bezüglich dieses Punktes *P* als Ganzes unverändert bleibt.

Punktspiegelung ist eine Abbildung. Der Bildpunkt A' eines Punktes A liegt auf der Geraden AP und hat von P den gleichen Abstand wie A (↗ Bild 14).

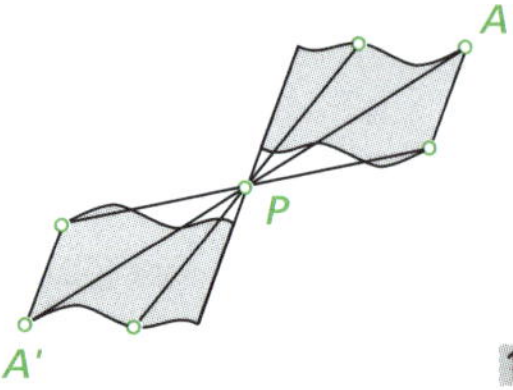

14

Und so überprüft man Punktsymmetrie:

1. Wähle einen Punkt A der Figur – irgendeinen (↗ Bild 15).
2. Verbinde A geradlinig mit P, verlängere AP über P hinaus.

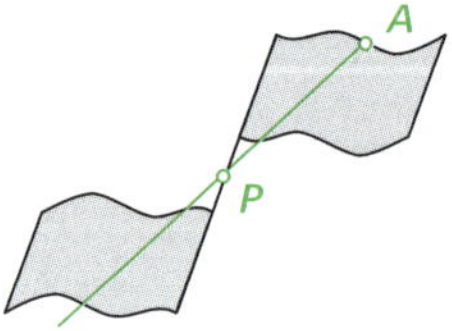

15

3. Der Kreis um P mit dem Radius $|AP|$ schneidet die Gerade AP in A und in A' (↗ Bild 16).
4. Liegt für jeden beliebigen Punkt A auch sein Bildpunkt A' in der Figur, dann ist sie punktsymmetrisch.

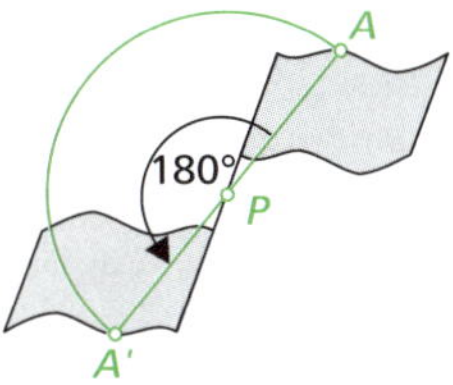

16

BEACHTE Punktsymmetrie ist Drehsymmetrie!
Denn: Punktspiegelung bezüglich des Punktes P bewirkt genau das Gleiche wie eine Drehung um diesen Punkt um 180°. Punktspiegelung bezüglich P und Drehung um P um 180° sind deshalb gleiche Abbildungen (↗ Bild 16).

3

3.6 Verschiebungssymmetrie

> Eine Figur ist *verschiebungssymmetrisch*, wenn sie durch Verschiebungen um bestimmte Strecken in einer oder in mehreren Richtungen als Ganzes unverändert bleibt.

Eine Verschiebung wird meist durch einen Pfeil charakterisiert. Dieser ***Verschiebungspfeil*** gibt an, in welcher Richtung und um welche Strecke verschoben wird (↗ Bild 17).

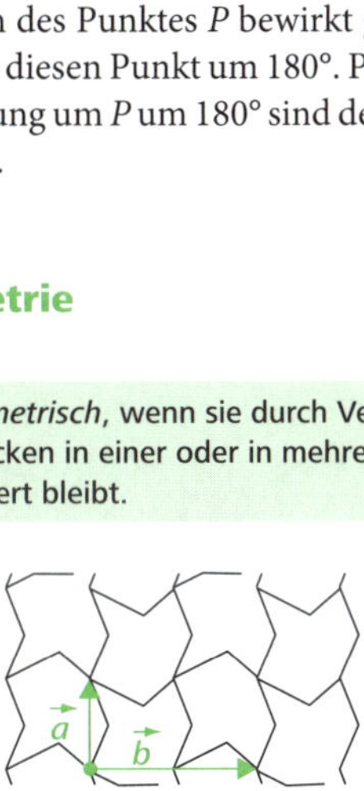

17

Und so überprüft man ***Verschiebungssymmetrie***:
1. Wähle einen Punkt A der Figur – irgendeinen.

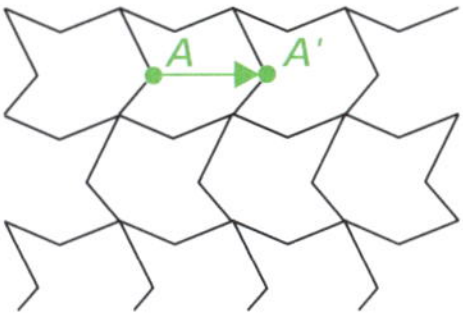

18

2. Verschiebe – in einer bestimmten Richtung um eine bestimmte Strecke. Die Figur „verrät", welche Richtungen und Streckenlängen erfolgversprechend sind (↗ Bild 18).
3. Jetzt zeigt es sich: Erscheint die Figur als Ganzes unverändert, so ist sie verschiebungssymmetrisch.

BEISPIELE

- Bandornamente weisen Verschiebungssymmetrie in *einer* Richtung auf (↗ Bild 19).

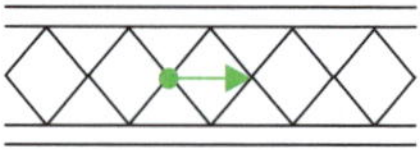

19

- Flächenornamente weisen Verschiebungssymmetrien in *mehreren* Richtungen auf (↗ Bilder 17 und 18).

3.7 Symmetrien gleichseitiger Dreiecke

Welche Symmetrien haben gleichseitige Dreiecke? Dazu untersucht man, welche Abbildungen das Dreieck in sich überführen.

Gleichseitige Dreiecke *ABC* bleiben als Ganzes unverändert (↗ Bild 20):

- durch *Spiegelungen* an den Mittelloten. Wir nennen diese Spiegelungen s_a, s_b bzw. s_c;
- durch *Drehungen* um den Schnittpunkt *M* der Mittellote um 0° bzw. 120° bzw. 240°. Wir nennen sie d_0 bzw. d_{120} bzw. d_{240}.

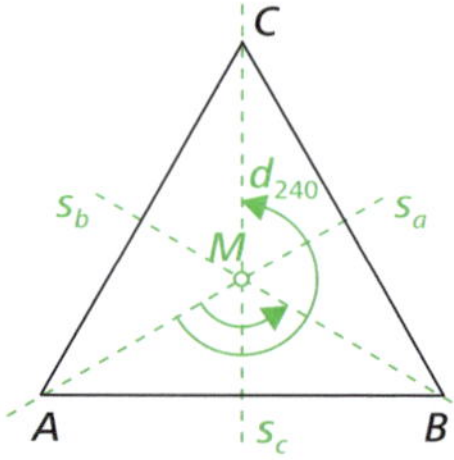

20

BEISPIEL

Führt man diese Abbildungen nacheinander aus, so lassen auch sie das Dreieck unverändert. Wir zeigen dies an einem Beispiel – stellvertretend für alle.

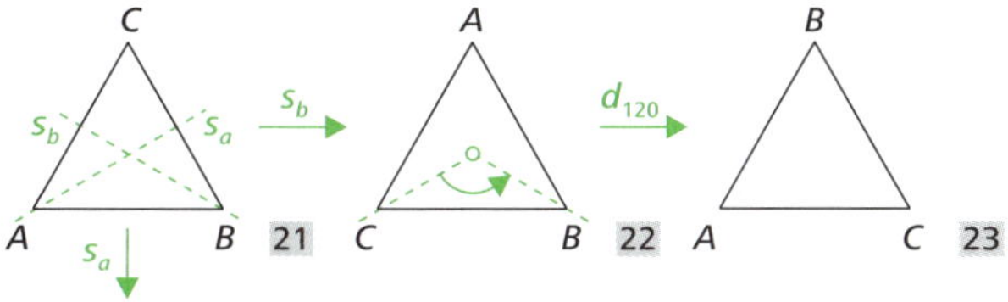

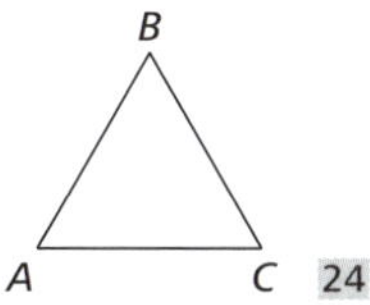

$d_{120} \circ s_b$, d. h. zuerst s_b und dann d_{120} (↗ Bilder 21 bis 23), bildet $\triangle ABC$ in $\triangle ACB$ ab – dies bewirkt auch s_a allein (↗ Bilder 21 und 24).
Es ist also: $d_{120} \circ s_b = s_a$.

3

Zwei nacheinander ausgeführte ***Deckabbildungen*** sind einer einzigen gleichwertig. Die Tabelle zeigt alle Möglichkeiten:

	d_0	d_{120}	d_{240}	s_a	s_b	s_c
d_0	d_0	d_{120}	d_{240}	s_a	s_b	s_c
d_{120}	d_{120}	d_{240}	d_0	s_c	s_a	s_b
d_{240}	d_{240}	d_0	d_{120}	s_b	s_c	s_a
s_a	s_a	s_b	s_c	d_0	d_{120}	d_{240}
s_b	s_b	s_c	s_a	d_{240}	d_0	d_{120}
s_c	s_c	s_a	s_b	d_{120}	d_{240}	d_0

▶ **ZUSAMMENFASSUNG** Gleichseitige Dreiecke haben 6-fache Symmetrie, weil es 6 Abbildungen gibt, die ein solches Dreieck in sich überführen.

3.8 Symmetrien von Quadraten

Welche Symmetrien haben Quadrate? Diese Frage beantworten heißt, jene Abbildungen anzugeben, die das Quadrat in sich überführen.

Quadrate haben 8 Symmetrien, denn sie werden durch 8 Abbildungen auf sich überführt (↗ Bild 25):

- Spiegelung s_a am vertikalen Mittellot,
- Spiegelung s_b am horizontalen Mittellot,
- Spiegelung s_c an einer Diagonale,
- Spiegelung s_d an der anderen Diagonale,
- Drehung d_0 um 0°,
- Drehung d_{90} um 90°,
- Drehung d_{180} um 180°,
- Drehung d_{270} um 270°.

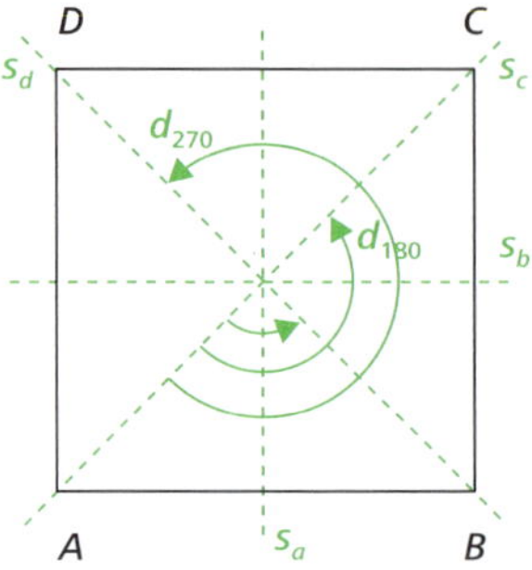

25

Diese 8 Deckabbildungen bilden ein komplettes System. Zwei von ihnen – hintereinander ausgeführt – sind einer einzigen gleichwertig.

BEISPIEL

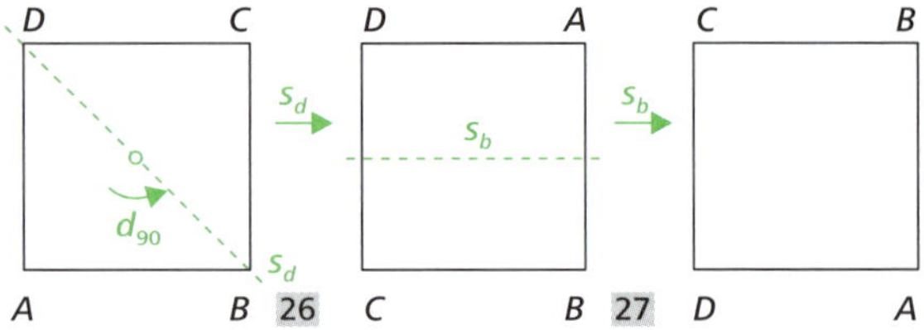

26 27 28

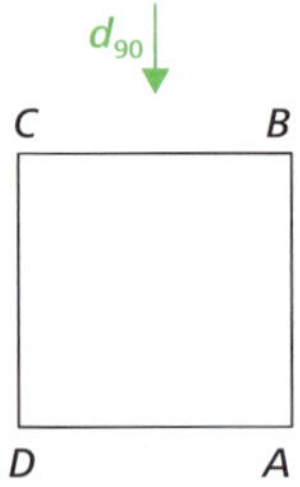

29

$s_b \circ s_d$, d. h. zuerst s_d und dann s_b (↗ Bilder 26 bis 28), bildet □ *ABCD* in □ *DABC* ab.

d_{90} bewirkt genau die gleiche Abbildung (↗ Bilder 26 und 29)!

Also ist $s_b \circ s_d = d_{90}$.

Alle weiteren Hintereinanderausführungen der Deckabbildungen des Quadrats sind in der Tabelle aufgelistet:

	d_0	d_{90}	d_{180}	d_{270}	s_a	s_b	s_c	s_d
d_0	d_0	d_{90}	d_{180}	d_{270}	s_a	s_b	s_c	s_d
d_{90}	d_{90}	d_{180}	d_{270}	d_0	s_d	s_c	s_a	s_b
d_{180}	d_{180}	d_{270}	d_0	d_{90}	s_b	s_a	s_d	s_c
d_{270}	d_{270}	d_0	d_{90}	d_{180}	s_c	s_d	s_b	s_a
s_a	s_a	s_c	s_b	s_d	d_0	d_{180}	d_{90}	d_{270}
s_b	s_b	s_d	s_a	s_c	d_{180}	d_0	d_{270}	d_{90}
s_c	s_c	s_b	s_d	s_a	d_{270}	d_{90}	d_0	d_{180}
s_d	s_d	s_a	s_c	s_b	d_{90}	d_{270}	d_{180}	d_0

3

BEACHTE Die Reihenfolge, in der die Abbildungen ausgeführt werden, ist nicht gleichgültig! So ist z. B.
$d_{270} \circ s_c = s_b$, aber $s_c \circ d_{270} = s_a$.

Lern-Check: Teste dein Wissen!

Kapitel „Symmetrie“	O.K. ✓	Das muss ich noch mal lesen
Ich kann die mathematische Definition von *Abbildungen* erläutern und ihre zwei unverzichtbaren Eigenschaften nennen.		S. 34
Ich kann die beiden entscheidenden Eigenschaften von Abbildungen an Beispielen verdeutlichen.		S. 34
Ich kann erläutern, was Symmetrie bedeutet und entscheiden, ob eine Figur symmetrisch ist.		S. 35
Ich kann Achsensymmetrie definieren und achsensymmetrische Figuren zeichnen.		S. 36
Ich kann Drehsymmetrie definieren und drehsymmetrische Figuren zeichnen.		S. 37
Ich kann Punktsymmetrie definieren und drehsymmetrische Figuren zeichnen.		S. 38, 39
Ich kann Verschiebungssymmetrie definieren und drehsymmetrische Figuren zeichnen.		S. 39, 40
Ich kann die Symmetrien eines gleichseitigen Dreiecks angeben und entsprechende Symmetrieabbildungen hintereinander ausführen.		S. 40, 41
Ich kann die Symmetrien eines Quadrates (eines regelmäßigen 5-Ecks, …, *n*-Ecks) angeben und die Symmetrieabbildungen hintereinander ausführen.		S. 41–43

Ähnlichkeit

Von *Ähnlichkeit* spricht man bei Geschwistern, aber auch bei Tieren und Pflanzen, bei Speisen und Getränken, bei Sport und Spiel. Wenn man in der Umgangssprache von Ähnlichkeit redet, meint man, dass verschiedene Dinge in „wesentlichen" Merkmalen übereinstimmen.

Die Mathematik hat ein viel engeres, dafür aber ein sehr viel exakteres Verständnis von Ähnlichkeit. Geometrische Gebilde heißen ähnlich, wenn sie in allen Merkmalen übereinstimmen – mit Ausnahme einer einzigen, nämlich *der Größe*.
Vergrößern und Verkleinern – das *erhält* Ähnlichkeit.
Verbiegen und Verzerren – das *zerstört* sie!

4.1 Ähnlichkeit – was ist das?

Ob im Kino oder bei einer Diavorführung: die Bilder auf Film und Leinwand unterscheiden sich nur in ihrer Größe. Sie sind *ähnlich* im mathematischen Sinn, weil sie Vergrößerungen bzw. Verkleinerungen voneinander sind.

Auf Bild 1 (↗ S. 46) ist F_2 eine 3-fache und F_3 eine 4-fache ***Vergrößerung*** von F_1. Sind z. B. h_1, h_2, h_3 die Hutbreiten und n_1, n_2, n_3 die Nasenlängen der Figuren F_1, F_2, F_3, so gilt:
$h_2 = 3\,h_1$, $n_2 = 3\,n_1$, $h_3 = 4\,h_1$, $n_3 = 4\,n_1$.

Umgekehrt ist F_1 eine ***Verkleinerung*** von F_2 bzw. F_3. Entsprechende Längen bei F_1 sind $\frac{1}{3}$-mal bzw. $\frac{1}{4}$-mal so groß wie F_2 bzw. F_3: $h_1 = \frac{1}{3}h_2$, $n_1 = \frac{1}{3}n_2$, $h_1 = \frac{1}{4}h_3$, $n_1 = \frac{1}{4}n_3$.

> Die Figuren F_1, F_2, F_3, … heißen ***ähnlich***, wenn sie Vergrößerungen bzw. Verkleinerungen voneinander sind.

Bei ähnlichen Figuren F_1, F_2, F_3 … ist das Verhältnis entsprechender Längen konstant:

$$\frac{h_1}{h_2} = \frac{n_1}{n_2} \quad \text{oder} \quad \frac{h_1}{h_3} = \frac{n_1}{n_3}$$

$$\text{oder} \quad \frac{h_2}{h_1} = \frac{n_2}{n_1} \ldots$$

Dieses Verhältnis heißt ***Ähnlichkeitsverhältnis***.

BEISPIELE

- Das Ähnlichkeitsverhältnis der Figuren F_1 und F_2 ist $\frac{1}{3}$, denn (↗ Bild 1):
  $\frac{h_1}{h_2} = \frac{n_1}{n_2} = \frac{1}{3}$.
- Das Ähnlichkeitsverhältnis der Figuren F_3 und F_1 ist 4, denn (↗ Bild 1):
  $\frac{h_3}{h_1} = \frac{n_3}{n_1} = 4$.

Die Beispiele zeigen: Ist das Ähnlichkeitsverhältnis zweier Figuren F_1 und F_2 größer als 1, dann ist F_1 eine Vergrößerung von F_2. Ist das Ähnlichkeitsverhältnis dagegen eine Zahl zwischen 0 und 1, dann ist F_1 eine Verkleinerung von F_2.

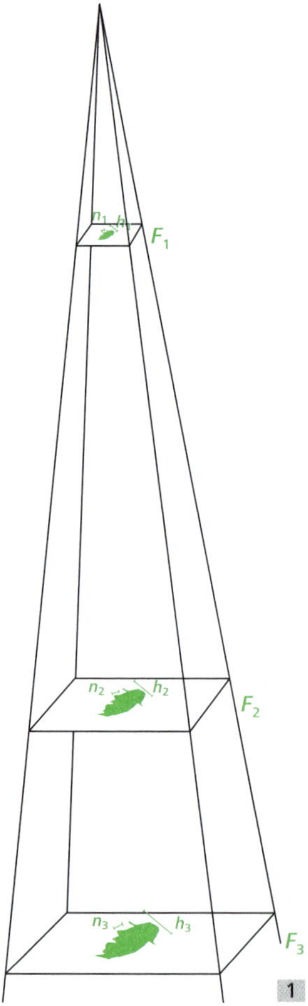

1

4.2 Zentrische Streckung

Zentrische Streckungen erzeugen ähnliche Bilder. Dias oder Fotos, Bilder durchs Fernrohr oder durchs Mikroskop, Stadtpläne oder Landkarten – sie alle lassen sich als zentrische Streckungen verstehen und nach einem einheitlichen Muster erzeugen!

Eine ***zentrische Streckung*** ist eine Abbildung. Sie wird bestimmt durch das Streckzentrum Z und den Streckfaktor s (↗ Bild 2).

Und so wird abgebildet:
1. Der Bildpunkt P' eines Punktes P liegt auf dem Strahl ZP.
2. P' ist von Z s-mal so weit entfernt wie P, d. h. $|ZP'| = s\,|ZP|$.

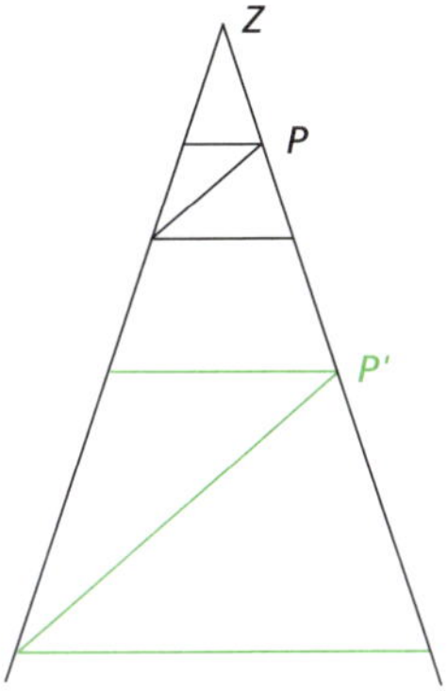

2

BEISPIELE

- Bild 2 zeigt eine zentrische Streckung mit dem Streckzentrum Z und dem Streckfaktor 3. Sie erzeugt eine Vergrößerung des Originals.
- Bild 3 zeigt zwei Streckungen mit dem Streckzentrum S, einmal mit dem Streckfaktor $\frac{1}{2}$, das andere Mal mit dem Streckfaktor $\frac{1}{4}$. Beide erzeugen Verkleinerungen.

Zentrische Streckungen sind
- *geradentreu*, d. h. die Bilder von Geraden sind wieder Geraden;
- *winkeltreu*, d. h. die Bilder von Winkeln sind Winkel gleicher Größe;
- *parallelentreu*, d. h. die Bilder von Parallelen sind wieder Parallelen;

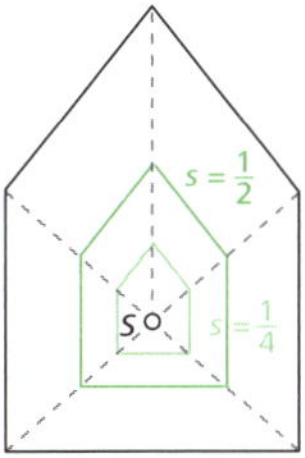

3

- *kreistreu*, d. h., die Bilder von Kreisen sind wieder Kreise;
- *verhältnistreu*, d. h., die Längenverhältnisse bleiben erhalten.

4.3 Strahlensätze

Zentrische Streckung, Ähnlichkeit bzw. Vergrößerung und Verkleinerung – sie machen die „Strahlensätze" aus.

1. Strahlensatz
Werden zwei Strahlen von Parallelen geschnitten, so ist das Verhältnis entsprechender Längen auf beiden Strahlen gleich; z. B.

$$\frac{|SA_1|}{|SA_2|} = \frac{|SB_1|}{|SB_2|} \quad \text{oder}$$

$$\frac{|A_1A_2|}{|A_2A_3|} = \frac{|B_1B_2|}{|B_2B_3|} \ldots$$

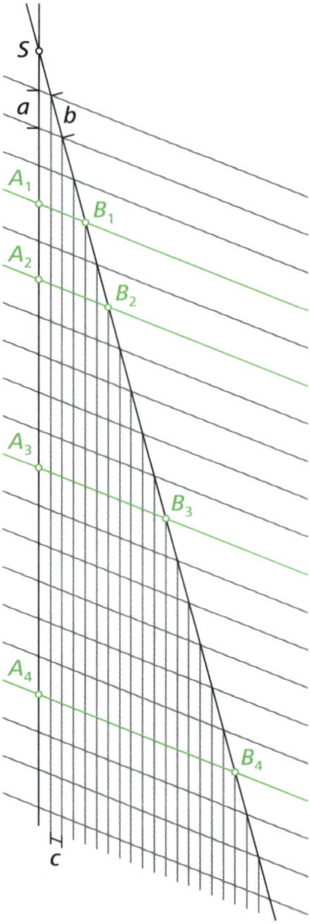

4

Denn: Entsprechende Längen auf den Strahlen enthalten *gleich viele* Abschnitte (↗ Bild 4); z. B.:
$|SA_1| = 4a$, $|SA_2| = 6a$,
$|SB_1| = 4b$, $|SB_2| = 6b$

und deshalb
$$\frac{|SA_1|}{|SA_2|} = \frac{|SB_1|}{|SB_2|} = \frac{4}{6}.$$

2. Strahlensatz
Werden zwei Strahlen von Parallelen geschnitten, so verhalten sich die vom Scheitel aus gemessenen Längen auf einem Strahl wie die entsprechenden auf den Parallelen; z. B.

$$\frac{|SA_1|}{|SA_2|} = \frac{|A_1B_1|}{|A_2B_2|} \quad \text{oder} \quad \frac{|SA_3|}{|SA_4|} = \frac{|A_3B_3|}{|A_4B_4|} \quad \text{usw.}$$

Denn: Vom Scheitel aus gemessene Längen auf einem Strahl und die entsprechenden auf Parallelen enthalten *gleich viele* Abschnitte; z. B. $|SA_1| = 4a$, $|SA_2| = 6a$, $|A_1B_1| = 4c$, $|A_2B_2| = 6c$, und deshalb

$$\frac{|SA_1|}{|SA_2|} = \frac{|A_1B_1|}{|A_2B_2|} = \frac{4}{6}.$$

4

4.4 Ähnliche Dreiecke

Wie erkennt man ähnliche Dreiecke?
Sicherlich durch die Überprüfung entsprechender Streckenverhältnisse. Sie müssen gleich sein – *alle*! Es geht auch bequemer:

Dreiecke sind schon ähnlich, wenn
1. sie in zwei Winkeln übereinstimmen (↗ Bilder 5 und 6);
2. entsprechende Seiten im gleichen Verhältnis stehen (↗ Bilder 7 und 8);
3. sie im Verhältnis zweier Seiten und dem Zwischenwinkel übereinstimmen (↗ Bilder 9 und 10);
4. sie im Verhältnis zweier Seiten und dem Gegenwinkel der größeren Seite übereinstimmen (↗ Bilder 11 und 12).

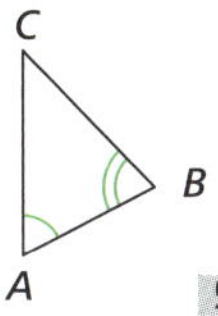

5

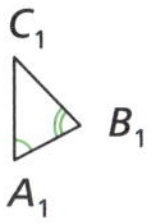

6

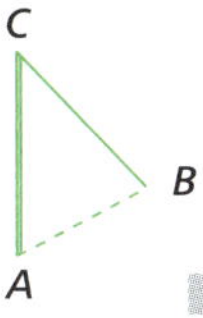

7

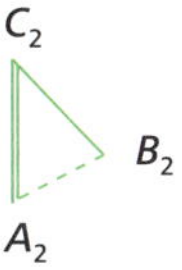

8

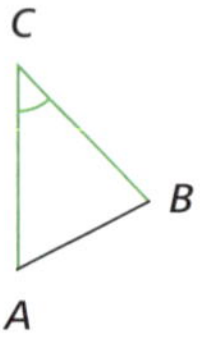

9

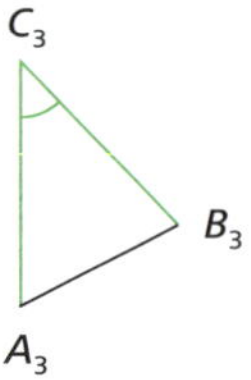

10

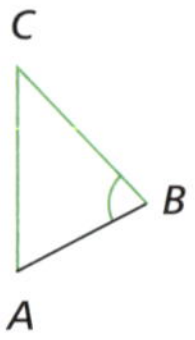

11

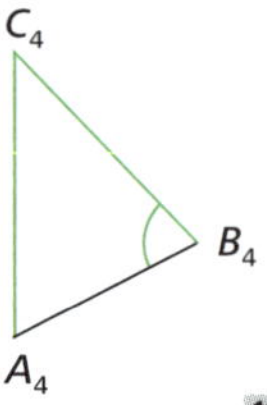

12

Beweis zu 1.:
Schiebe die beiden Dreiecke so ineinander, dass A_1 auf A liegt und $\overline{A_1B_1}$ auf $\overline{AB}$.
Da $\alpha = \alpha_1$, liegt jetzt auch $\overline{A_1C_1}$ auf $\overline{AC}$ (↗ Bild 13). Da $\beta = \beta_1$, ist $\overline{BC} \parallel \overline{B_1C_1}$.
Somit bilden die Dreiecke eine Strahlensatzfigur; d. h. sie sind ähnlich.

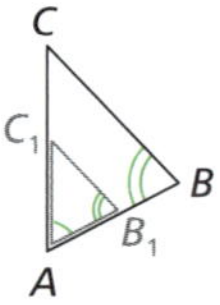

13

Um die vier Ähnlichkeitssätze nachzuvollziehen, zeichne für jeden dieser Fälle zwei Dreiecke. Du wirst in jedem dieser vier Fälle feststellen:
Die beiden Dreiecke unterscheiden sich lediglich in der Größe. Die Form, also Winkel und Seitenverhältnisse, bleibt gleich; das bedeutet Ähnlichkeit.

4.5 Ähnliche Vielecke

Wie erkennt man ähnliche Vielecke?
Wir nennen drei Erkennungsmerkmale.

> Vielecke sind ähnlich, wenn sie
> 1. Vergrößerungen bzw. Verkleinerungen voneinander sind;
> 2. durch zentrische Streckung erzeugt sind;
> 3. auf entsprechende Weise in ähnliche Dreiecke zerlegt werden können.

Denn:

1. Vergrößerung bzw. Verkleinerung bedeutet (↗ S. 45 f.), dass entsprechende Längenverhältnisse gleich, die Figuren also *ähnlich* sind (↗ Bilder 14 und 15).

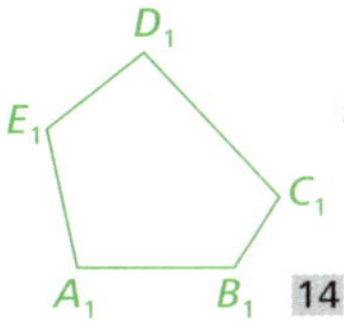

14

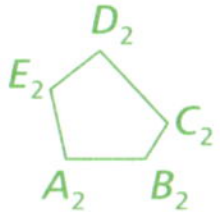

15

2. Erzeugung durch zentrische Streckung (↗ S. 48 oben) bedeutet, dass Längenverhältnisse *erhalten bleiben* (↗ Bild 16).

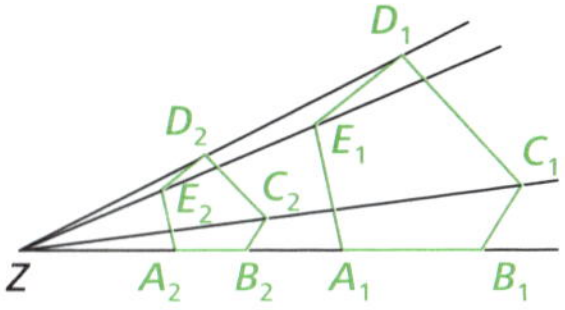

16

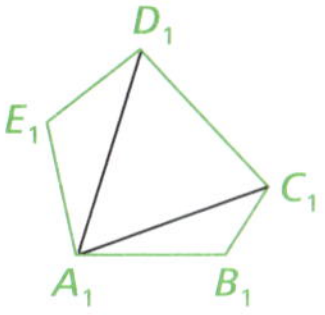

17

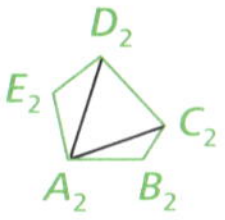

18

3. Zerlegung in ähnliche Dreiecke bedeutet, dass Längenverhältnisse bei den Dreiecken und damit auch bei den Vielecken *erhalten bleiben* (↗ Bilder 17 und 18).

4.6 Ähnliche Figuren – Umfang, Flächen- und Rauminhalt

Ähnliche Figuren sind eng miteinander verwandt. Wie zeigt sich dies beim Umfang, Flächen- und Rauminhalt?

Die Umfänge ähnlicher Figuren verhalten sich wie entsprechende Strecken:

$$\frac{U_1}{U_2} = \frac{a_1}{a_2} = k.$$

Denn: Bei ähnlichen Figuren sind entsprechende Längen einander proportional:
$a_1 = k\,a_2,\ b_1 = k\,b_2 \ldots$ Also gilt
$U_1 = a_1 + b_1 + \ldots = k\,(a_2 + b_2 + \ldots)$
$= k\,U_2$ (↗ Bilder 19 und 20)!

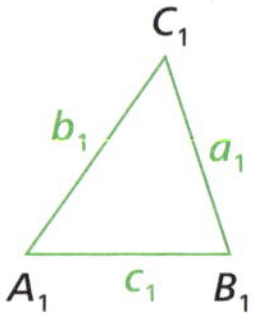

19

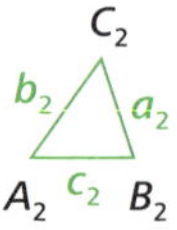

20

Die Flächeninhalte ähnlicher Figuren verhalten sich wie die Produkte zweier entsprechender Strecken:
$$\frac{F_1}{F_2} = \frac{a_1\,b_1}{a_2\,b_2} = k^2.$$

Denn: Flächeninhalte sind (im Wesentlichen) Produkte zweier Längen – deshalb ist bei ähnlichen Figuren
$F_1 = a_1\,b_1 = k\,a_2\,k\,b_2 = k^2\,F_2$
(↗ Bilder 21 und 22).

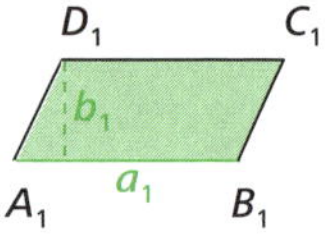

21

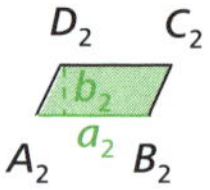

22

Die Rauminhalte ähnlicher Figuren verhalten sich wie die Produkte dreier entsprechender Strecken:
$$\frac{V_1}{V_2} = \frac{a_1\,b_1\,c_1}{a_2\,b_2\,c_2} = k^3.$$

Denn: Rauminhalte sind (im Wesentlichen) Produkte dreier Längen – deshalb ist bei ähnlichen Figuren
$V_1 = a_1\,b_1\,c_1 = k\,a_2\,k\,b_2\,k\,c_2$
$= k^3\,V_2$
(↗ Bilder 23 und 24).

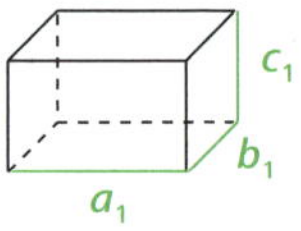

23

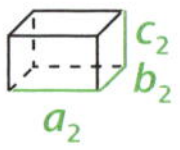

24

Lern-Check: Teste dein Wissen!

Kapitel „Ähnlichkeit“	O. K. ✓	Das muss ich noch mal lesen
Ich kann die mathematische Definition von *Ähnlichkeit* erläutern und entscheiden, ob Figuren ähnlich zueinander sind.		S. 45, 46
Ich kann erklären, was eine zentrische Streckung ist, und kann an Figuren zentrische Streckungen durchführen.		S. 47
Ich kann die Eigenschaften nennen, die bei zentrischen Streckungen erhalten bleiben.		S. 47, 48
Ich kann die Figuren zu den Strahlensätzen skizzieren, die beiden Strahlensätze angeben und anwenden.		S. 48, 49
Ich kann entscheiden, ob Dreiecke ähnlich zueinander sind, und die Beziehungen zwischen entsprechenden Längen angeben.		S. 49, 50
Ich kann die wenigen Größen angeben, deren Überprüfung ausreicht, um die Ähnlichkeit von Dreiecken zu prüfen.		S. 49, 50
Ich kann Vierecke (Fünfecke, …, *n*-Ecke) auf Ähnlichkeit prüfen und kann die Beziehungen zwischen entsprechenden Längen angeben.		S. 50, 51
Ich kann für zueinander ähnliche Figuren die Zusammenhänge bei Umfang, Flächeninhalt und Rauminhalt angeben.		S. 51, 52

5 Dreiecke und Kongruenz

Dreiecke sind die *einfachsten* geometrischen Figuren.
Geraden begrenzen sie – einfacher geht's nicht!
Drei Geraden genügen – mit weniger geht's nicht!

Dreiecke sind *grundlegende* geometrische Figuren.
Jedes Vieleck – ausnahmslos jedes – ist aus Dreiecken zusammengesetzt. Sie sind der Stoff, aus denen Vielecke bestehen.

Dreiecke sind *stabile* Figuren.
Ihre drei Seiten legen sie fest – starr und unverrückbar.
Kein anderes Vieleck ist durch seine Seiten allein festgelegt!

Dreiecke sind von *großer praktischer* Bedeutung.
Konstrukteure nutzen sie; Landvermesser pflegen sie;
Astronomen schätzen sie …

5.1 Bezeichnungen

Dreiecke – sie enthalten mehr als nur drei Ecken!

Ein ***Dreieck*** ist bestimmt durch drei Punkte A, B und C, die nicht auf einer Geraden liegen. Sie heißen ***Eckpunkte***: man bezeichnet sie mit Großbuchstaben A, B, C (↗ Bild 1).

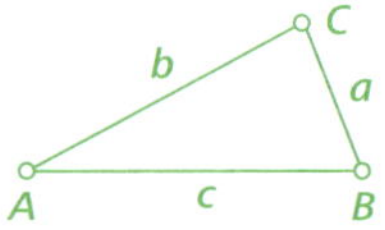

1

Die ***Seiten*** werden durch je zwei Eckpunkte bestimmt. Sie werden mit jenem Kleinbuchstaben bezeichnet, der dem gegenüberliegenden Eckpunkt entspricht, d. h. a, b, c (↗ Bild 1).

Die ***Innenwinkel*** liegen im Innern des Dreiecks und werden von je zwei Seiten eingeschlossen. Man bezeichnet sie mit α, β, γ (↗ Bild 2).

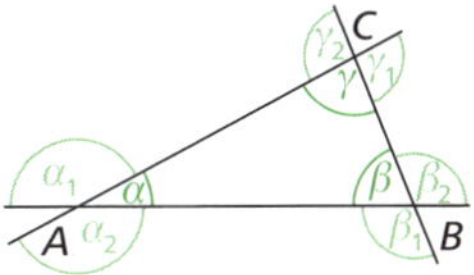

2

Die ***Außenwinkel*** liegen außerhalb des Dreiecks und werden von einer Seite und der Verlängerung einer anderen eingeschlossen. Man bezeichnet sie mit α_1, α_2, β_1, β_2, γ_1, γ_2 (↗ Bild 2).

Die ***Höhen*** eines Dreiecks sind die Senkrechten oder Lote von einem Eckpunkt auf die gegenüberliegende Seite. Man bezeichnet sie mit h_a, h_b, h_c (↗ Bild 3).

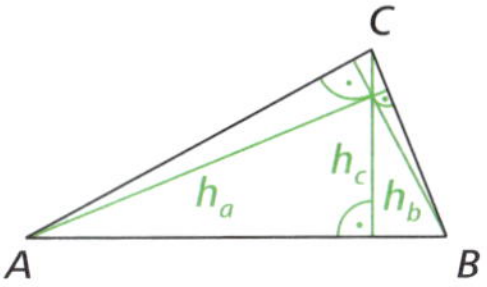

3

Die ***Mittellote*** oder ***Mittelsenkrechten*** sind die Senkrechten auf den Seitenmitten. Man bezeichnet sie mit m_a, m_b, m_c. Ihr Schnittpunkt ist der Umkreismittelpunkt M (↗ Bild 4/7).

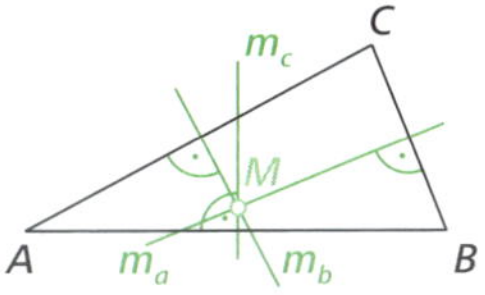

4

Die ***Seitenhalbierenden*** sind Geraden, die jeweils durch eine Seitenmitte und den gegenüberliegenden Eckpunkt verlaufen. Man bezeichnet sie mit s_a, s_b, s_c. Ihr Schnittpunkt ist der Schwerpunkt S (↗ Bild 5).

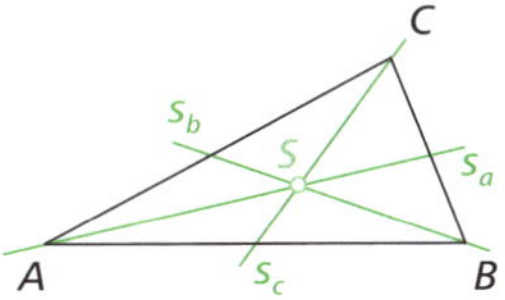

5

Die ***Winkelhalbierenden*** sind Geraden; sie halbieren jeweils einen der Innenwinkel. Man bezeichnet sie mit w_α, w_β, w_γ (↗ Bild 6). Ihr Schnittpunkt ist der Inkreismittelpunkt W (↗ Bilder 6 und 7).

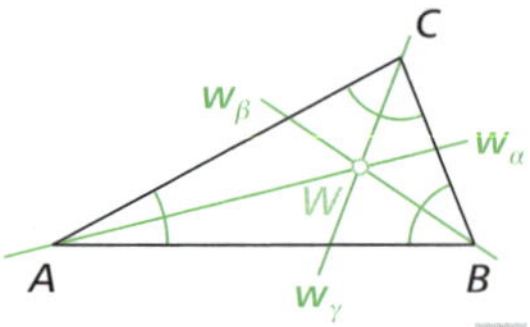

6

Der ***Inkreis*** ist jener Kreis, der alle Dreiecksseiten berührt (↗ Bild 7).

Der ***Umkreis*** ist jener Kreis, der durch die drei Eckpunkte des Dreiecks verläuft, sein Mittelpunkt ist M (↗ Bild 7).

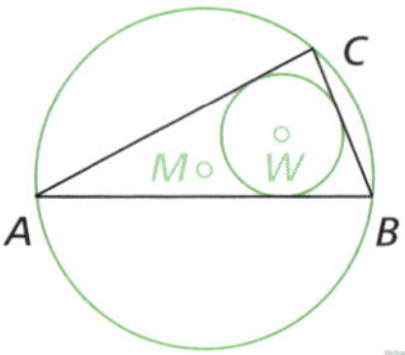

7

5.2 Dreieckssorten

Man unterscheidet verschiedene Dreieckstypen aufgrund charakteristischer Eigenschaften – diese äußern sich vor allem hinsichtlich der Seiten, der Winkel, der Symmetrien.

Unterscheidung nach Seitenlängen

Gleichseitige Dreiecke
Alle Seiten sind gleich lang. Alle Winkel sind gleich groß (↗ Bild 8).

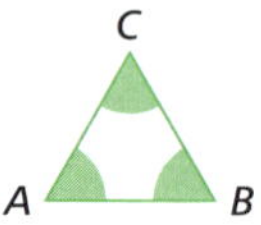

8

Gleichschenklige Dreiecke
Zwei Seiten sind gleich lang, sie heißen Schenkel. Zwei Winkel sind gleich groß (↗ Bild 9).

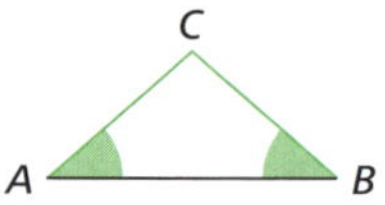

9

Beliebige Dreiecke
Sowohl Seiten als auch Winkel sind unterschiedlich (↗ Bild 10).

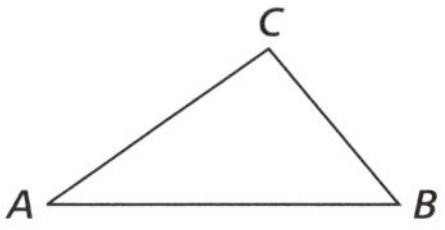

10

Unterscheidung nach Winkeln

Spitzwinklige Dreiecke
Sie haben drei spitze Winkel. Jeder Innenwinkel ist kleiner als 90° (↗ Bild 11).

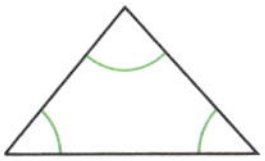
11

Rechtwinklige Dreiecke
Sie haben einen rechten Winkel (↗ Bild 12).

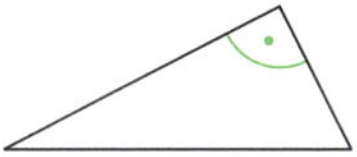
12

Stumpfwinklige Dreiecke
Sie haben einen stumpfen Winkel. Ein Innenwinkel ist größer als 90° (↗ Bild 13).

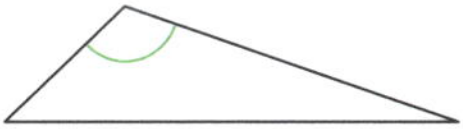
13

Unterscheidung nach Symmetrien

Symmetrische Dreiecke
Sie können drei oder nur eine Symmetrieachse haben. Solche Dreiecke sind gleichseitig oder gleichschenklig (↗ Bilder 14 und 15).

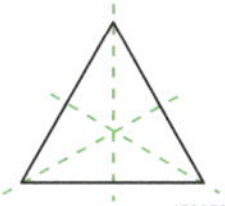
14

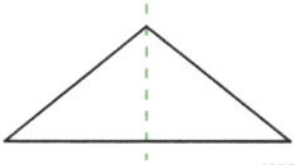
15

Unsymmetrische Dreiecke
Sie haben keine Symmetrieachse. Solche Dreiecke nennt man „beliebige“ Dreiecke (↗ Bild 16).

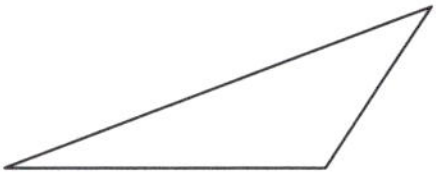
16

5.3 Seiten und Winkel

Seiten und Winkel eines Dreiecks hängen auf vielfältige Weise miteinander zusammen!

Dreiecksungleichungen
Bei einem Dreieck ist die Summe zweier Seiten stets größer als die dritte: $a < b + c$, $b < c + a$ und $c < a + b$.

Denn: Der kürzeste Weg von A nach B ist der direkte:
$|AB| = c$.
Der Weg $|AC| + |CB|$ über C ist ein Umweg und deshalb länger:
$c < b + a$ (↗ Bild 17).

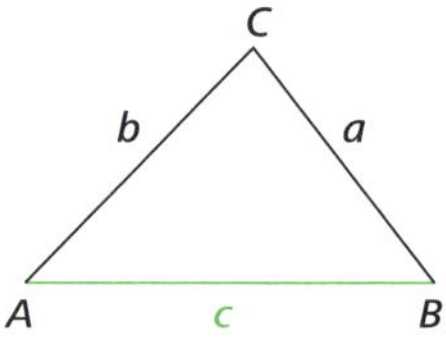

17

Gleichen Winkeln liegen gleiche Seiten gegenüber: Dem kleinsten Winkel liegt die kürzeste, dem größten Winkel liegt die längste Seite gegenüber.

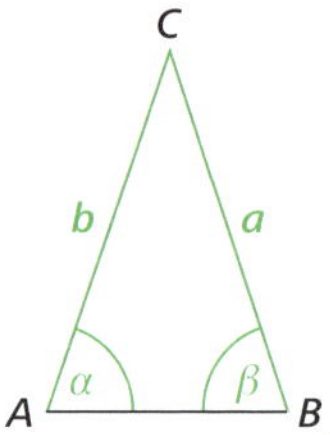

18

Denn:
1. Ist z. B. $\alpha = \beta$, so folgt aus Symmetriegründen $a = b$ (↗ Bild 18).
2. Bild 19 zeigt: Je kleiner der Winkel, desto kleiner die Gegenseite.

19

Die Summe der ***Innenwinkel*** eines Dreiecks beträgt 180°:
$\alpha + \beta + \gamma = 180°$.
Die Summe eines Satzes von ***Außenwinkeln*** beträgt 360°:
$\alpha_1 + \beta_1 + \gamma_1 = 360°$ bzw. $\alpha_2 + \beta_2 + \gamma_2 = 360°$ (↗ S. 25).

5.4 Mittellot und Umkreis

> Die Mittellote eines Dreiecks schneiden sich in einem Punkt. Dieser Punkt M ist *Mittelpunkt des Umkreises* des Dreiecks (↗ Bild 20).

Denn:
Mittellote sind *Symmetrielinien*! Jeder Punkt des Mittellots einer Seite hat zu den beiden Eckpunkten der Seite den gleichen Abstand.

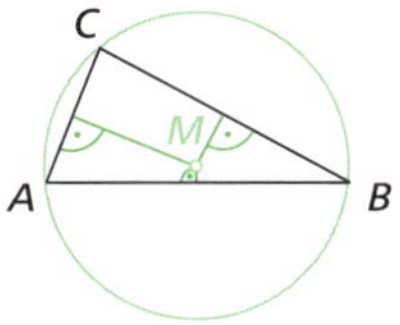

20

Der Schnittpunkt M der Mittellote m_a, m_b und m_c hat deshalb zu A, B und C den gleichen Abstand (↗ Bild 21).
Der Kreis um M mit dem Radius $r = |AM| = |BM| = |CM|$ verläuft also durch A, B und C; d. h., er ist der Umkreis.

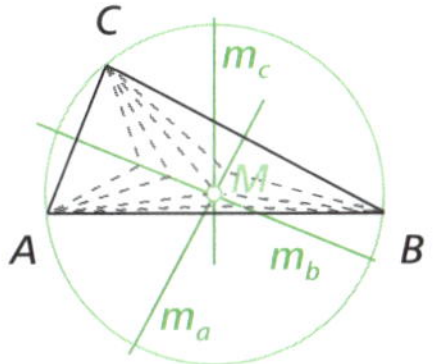

21

5

Beim spitzwinkligen Dreieck liegt der Umkreismittelpunkt *innerhalb*, beim stumpfwinkligen *außerhalb* des Dreiecks. Und beim rechtwinkligen?

Im rechtwinkligen Dreieck liegt der Umkreismittelpunkt *auf der Hypotenuse* und halbiert sie (↗ Bild 22).

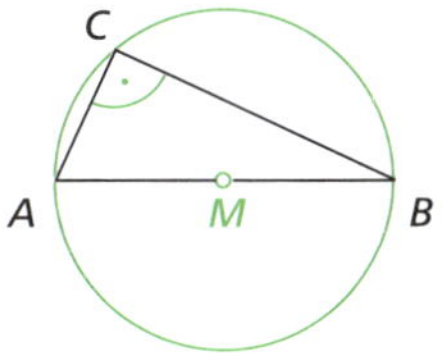

22

Der Kehrsatz ist ein Spezialfall des Umfangwinkelsatzes; man nennt ihn den ***Thalessatz*** (↗ S. 93): Jedes dem Halbkreis einbeschriebene Dreieck ist rechtwinklig.

5.5 Winkelhalbierende und Inkreis

Die Winkelhalbierenden eines Dreiecks schneiden sich in einem Punkt. Dieser Punkt *W* ist Mittelpunkt des Inkreises (↗ Bild 24).

Denn: Winkelhalbierende sind Symmetrielinien! Jeder Punkt der Winkelhalbierenden hat zu den beiden Schenkeln gleiche Abstände (↗ Bild 23).

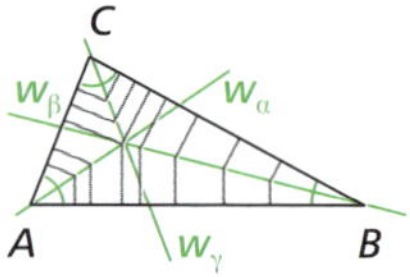

23

Der Schnittpunkt *W* der Winkelhalbierenden w_α, w_β und w_γ hat deshalb zu allen Schenkeln von α, β und γ (also zu *a*, *b* und *c*) gleiche Abstände.

Deshalb berührt der Kreis um *W*, der diesen Abstand als Radius hat, die Seiten *a*, *b* und *c*; d. h., er ist Inkreis (↗ Bild 24).

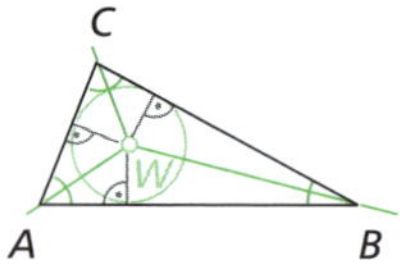

24

5.6 Seitenhalbierende und Schwerpunkt

Die Seitenhalbierenden eines Dreiecks schneiden sich in einem Punkt. Dieser Punkt ist der ***Schwerpunkt S***; er teilt die Seitenhalbierenden im Verhältnis 1 : 2 (↗ Bild 25).

Denn: Weil s_a und s_b Seitenhalbierende sind, ist $M_aM_b \parallel AB$ (↗ Bild 26), und aus den Strahlensätzen folgt:

$$|M_a M_b| : |AB| = 1 : 2$$
$$= |M_a S_1| : |S_1 A|$$
$$= |M_b S_1| : |S_1 B|$$

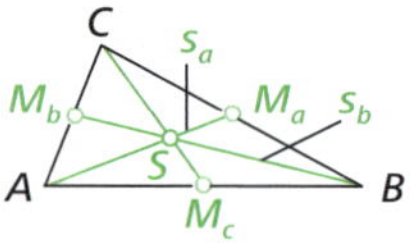

25

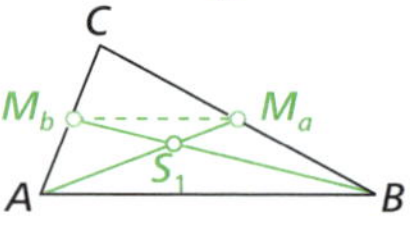

26

Weil s_a und s_c Seitenhalbierende sind, folgt entsprechend (↗ Bild 27):

$|M_a M_c| : |AC| = 1 : 2$
$= |M_a S_2| : |S_2 A|$
$= |M_c S_2| : |S_2 C|$

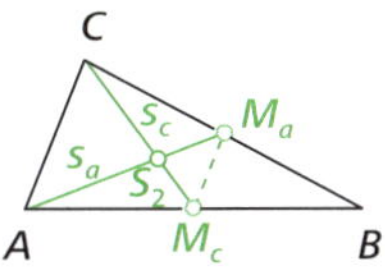

27

Da auch hier das Teilverhältnis 1 : 2 ist, kann S_1 (der Schnittpunkt von s_a und s_b) nicht von S_2 (dem Schnittpunkt von s_a und s_c) verschieden sein; es ist $S_1 = S_2 = S$.

▶ **HINWEIS** Die Seitenhalbierenden nennt man auch *Schwerelinien*. Ihr Schnittpunkt heißt deshalb ***Schwerpunkt*** S. Ein Dreieck, das im Schwerpunkt gestützt wird, ist im Gleichgewicht.

5

5.7 Höhen und Höhenschnittpunkt

Die Höhen eines Dreiecks schneiden sich in einem Punkt *H*.

Denn: Die Parallelen zu den Dreiecksseiten durch die Eckpunkte bilden △ $A'B'C'$ (↗ Bild 28).

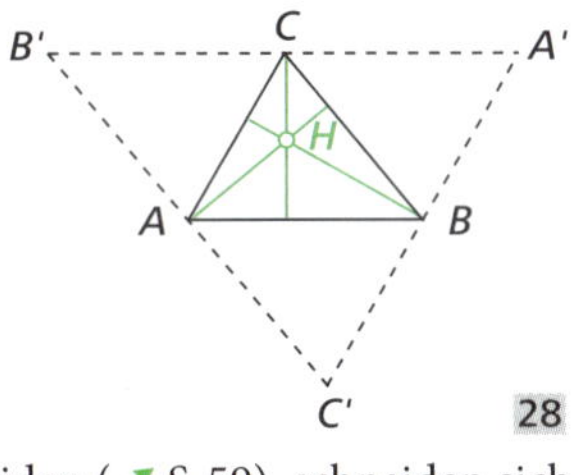

28

Die Höhen von △ ABC sind Mittellote in △ $A'B'C'$ – und weil sich die Mittellote von △ $A'B'C'$ in einem Punkt schneiden (↗ S. 59), schneiden sich auch die Höhen von △ ABC.

In spitzwinkligen Dreiecken liegt der Höhenschnittpunkt *H* *innerhalb*, in stumpfwinkligen Dreiecken *außerhalb* des Dreiecks. In rechtwinkligen Dreiecken sind die beiden Katheten gleichzeitig Höhen; der Höhenschnittpunkt fällt mit dem Scheitel des rechten Winkels zusammen.

5.8 Kongruenz – was ist das?

Kongruenz bedeutet, dass Figuren in Größe *und* Form *übereinstimmen*. Kongruente Figuren können so bewegt werden, dass die eine Figur die andere genau *überdeckt* (↗ Bild 29).

Kongruente Figuren haben demnach alles gemeinsam: Form, Größe, Umfang, Inhalt, Seiten, Winkel, Höhen usw. – außer dem Ort, an welchem sie sich befinden.

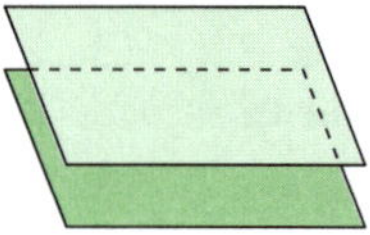

29

Kongruenz ist unempfindlich gegen Verschiebung, Spiegelung, Drehung.
Kongruenz wird zerstört durch Dehnen, Stauchen, Biegen, Zerren …

Zwei Gründe machen die Kongruenz *von Dreiecken* besonders bedeutsam:

- Alle Vielecke lassen sich aus Dreiecken zusammensetzen. Wer kongruente Dreiecke erkennt, erkennt auch kongruente Vielecke!
- Kongruenz bedeutet Übereinstimmung in *allen* Eigenschaften. Bei Dreiecken genügt es, *drei* Größen als übereinstimmend nachzuweisen – und man hat die Garantie, dass alle anderen Dreiecksgrößen auch übereinstimmen.

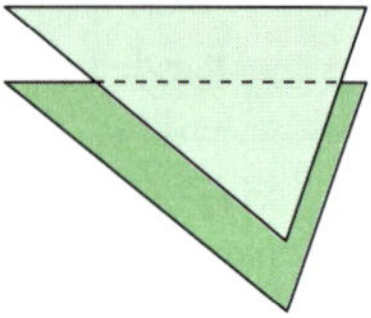

30

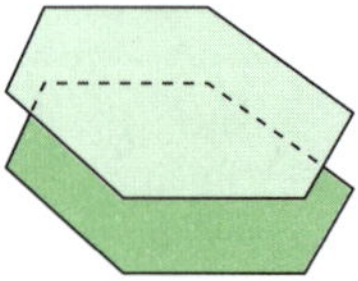

31

5.9 Kongruenzsätze

Bei günstiger Wahl genügen drei der Hauptgrößen, um ein Dreieck eindeutig festzulegen und zu konstruieren. Dreiecke, die in diesen drei Größen übereinstimmen, stimmen auch in allen anderen Größen überein; sie sind kongruent.

Dreiecke sind kongruent, wenn sie in drei Seiten übereinstimmen (SSS) (↗ Bilder 32 und 33).

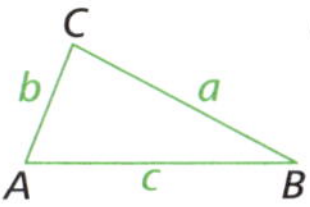

32

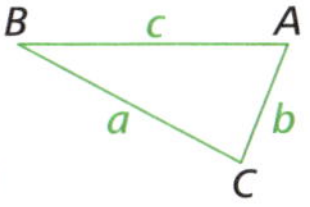

33

Dreiecke sind kongruent, wenn sie in zwei Seiten und dem eingeschlossenen Winkel übereinstimmen (SWS) (↗ Bilder 34 und 35).

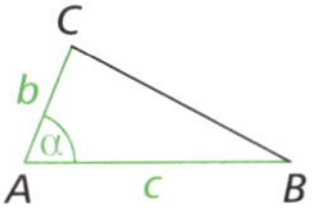

34

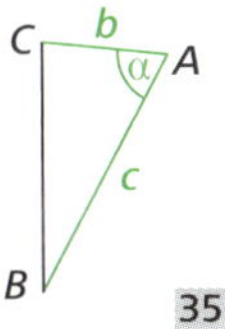

35

Dreiecke sind kongruent, wenn sie in einer Seite und den zwei anliegenden Winkeln übereinstimmen (WSW) (↗ Bilder 36 und 37).

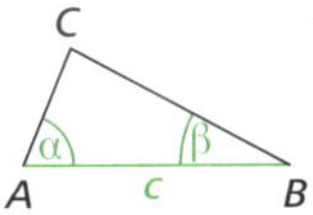

36

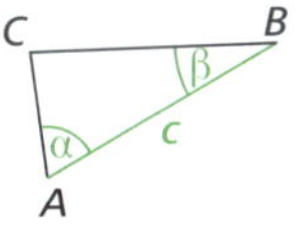

37

Dreiecke sind kongruent, wenn sie in zwei Seiten und dem der größeren Seite gegenüberliegenden Winkel übereinstimmen (SSW) (↗ Bilder 38 und 39).

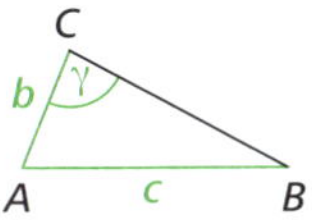

38

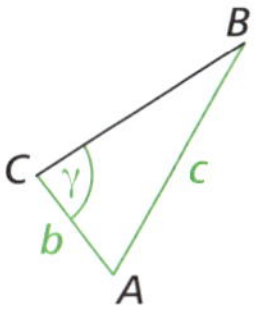

39

Lern-Check: Teste dein Wissen!

Kapitel „Dreiecke und Kongruenz“	O. K. ✓	Das muss ich noch mal lesen
Ich kann bei Dreiecken charakteristische Punkte, Linien und Winkel nennen und bezeichnen.		S. 54–56
Ich kann die unterschiedlichen Dreieckssorten beschreiben und skizzieren.		S. 56, 57
Ich kann einen Satz über Seitenbeziehungen im Dreieck formelmäßig angeben und an Beispielen erläutern.		S. 58
Ich kann die Beziehung von Winkeln zu Seiten im Dreieck beschreiben und an Beispielen erläutern.		S. 58
Ich kann die Summe der Innenwinkel eines Dreiecks angeben und kann dies begründen.		S. 58
Ich kann die Summe der Außenwinkel eines Dreiecks angeben und kann dies begründen.		S. 58
Ich kann beschreiben, was der Umkreis eines Dreiecks ist, und kann zu jedem Dreieck den Mittelpunkt und den Radius des Umkreises konstruieren.		S. 59
Ich kann beschreiben, was der Inkreis eines Dreiecks ist, und kann zu jedem Dreieck den Mittelpunkt und den Radius des Inkreises konstruieren.		S. 60
Ich kann beschreiben, was Schwerpunkt und Schwerelinien sind, und das Teilverhältnis erklären, das der Schwerpunkt bei den Schwerelinien erzeugt.		S. 60, 61
Ich kann erklären, was *Kongruenz von Figuren* bedeutet und kann Figuren auf Kongruenz prüfen.		S. 62
Ich kann die Kongruenzsätze bei Dreiecken angeben, ihre Bedeutung erklären und sie anwenden.		S. 63

Satz des Pythagoras

Auch wer nur wenig von Mathematik in Erinnerung behält, der Pythagorassatz „*a*-Quadrat plus *b*-Quadrat gleich *c*-Quadrat" gehört sicherlich dazu! Er ist einprägsam. Er ist einer der ersten wesentlichen mathematischen Sätze. Er ist ein Musterbeispiel für das Zusammenwirken von Geometrie und Algebra.

Seine Bedeutung zeigt sich auch darin, dass er in den unterschiedlichsten Teilbereichen seine Wirksamkeit entfaltet:

- in der Geometrie der Ebene und des Raumes,
- beim Aufbruch in die Welt der irrationalen Zahlen,
- in der Trigonometrie, in der Vektorrechnung,
- in der Differentialrechnung, in der Integralrechnung …

6.1 Rechtwinklige Dreiecke

Dreiecke mit einem rechten Winkel heißen ***rechtwinklige Dreiecke***. Die Gegenseite des rechten Winkels, sie ist die längste Dreiecksseite, heißt ***Hypotenuse***. Die beiden anderen Dreiecksseiten heißen ***Katheten***.

Und so konstruiert man rechtwinklige Dreiecke:
1. Mit dem Geodreieck

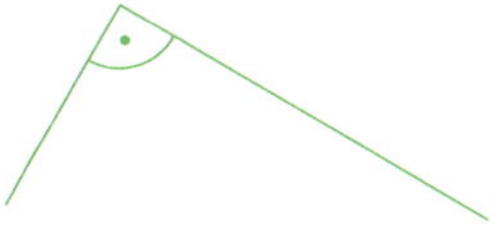

1

Man zeichnet einen rechten Winkel (↗ Bild 1)

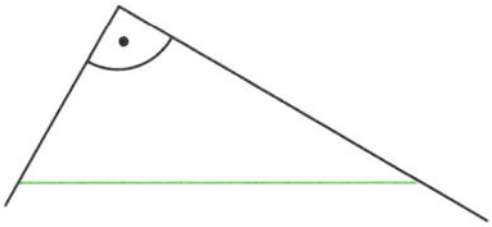

2

Man richtet durch Abmessen die Seiten ein (↗ Bild 2).

2. Mit Zirkel und Lineal

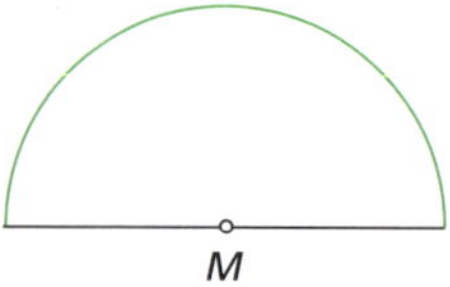

3

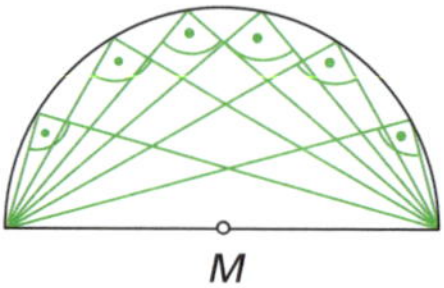

4

Man zeichnet einen Halbkreis; sein Durchmesser ist die Hypotenuse (↗ Bild 3).

Jedes dem Halbkreis einbeschriebene Dreieck (↗ Bild 4) ist rechtwinklig (↗ Thalessatz, S. 93).

6.2 Satz des Pythagoras

Die Bilderfolge (↗ Bild 5 bis Bild 10) zeigt:

> In jedem *rechtwinkligen* Dreieck sind die beiden Kathetenquadrate genauso groß wie das Hypotenusenquadrat:
> $a^2 + b^2 = c^2$.

„Das Hypotenusenquadrat ist so groß wie die beiden Kathetenquadrate“ bedeutet: Rechtwinklige Dreiecke sind durch 2 Seiten bestimmt; ihre 3. Seite hat keine Freiheit – sie muss dem „Pythagoras“ gehorchen!

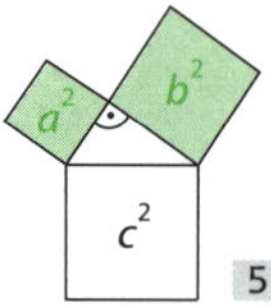

5

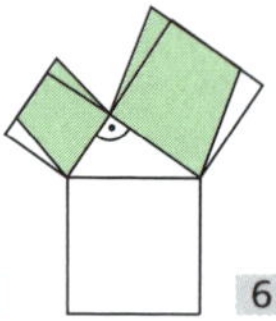

6

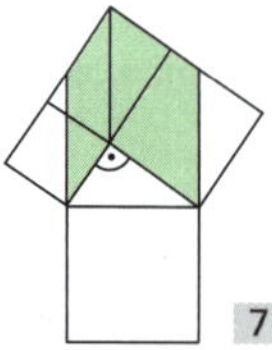

7

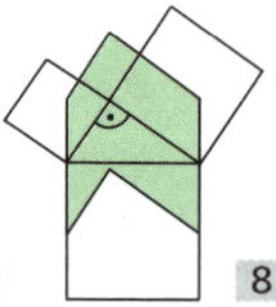

8

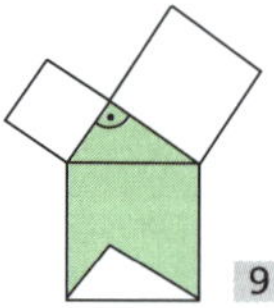

9

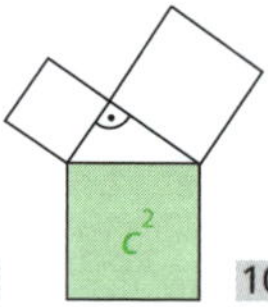

10

BEISPIELE

- Die Katheten sollen die Längen 5 bzw. 12 haben. Die Hypotenuse h muss $h^2 = 5^2 + 12^2$ erfüllen. $h^2 = 169$ bedeutet: ihre Länge muss $h = 13$ sein!
- Die Hypotenuse soll 9, eine Kathete 7 lang sein. Die andere Kathete k muss dann $9^2 = 7^2 + k^2$ erfüllen.
$k^2 = 9^2 - 7^2 = 32$ bedeutet: $k = \sqrt{32} \approx 5{,}66$.

6.3 Kathetensatz

Die Bilderfolge (↗ Bild 11 bis Bild 16) zeigt:

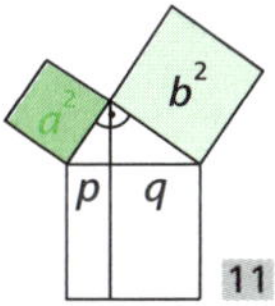

11

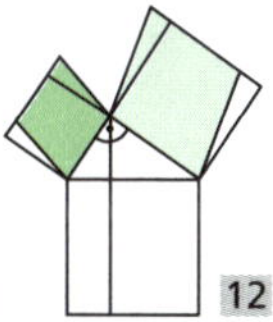
12

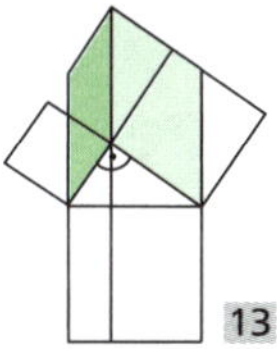
13

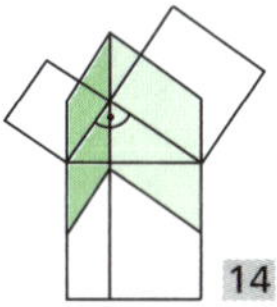
14

> In jedem rechtwinkligen Dreieck ist ein Kathetenquadrat genauso groß wie das Rechteck aus Hypotenuse und anliegendem Hypotenusenabschnitt:
> $a^2 = p \cdot c$ bzw. $b^2 = q \cdot c$.

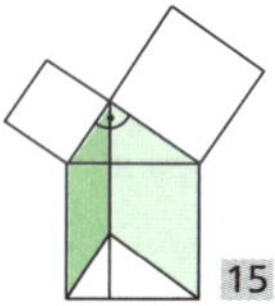
15

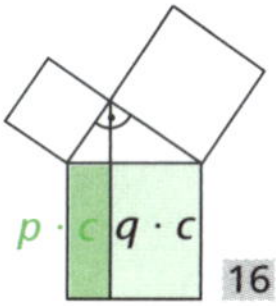

16

6.4 Höhensatz

Die Bilderfolge (↗ Bild 17 bis Bild 22) zeigt:

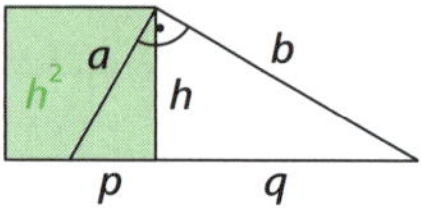

17

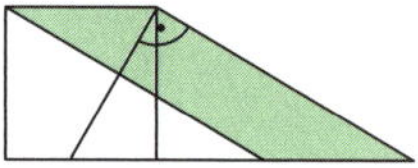

18

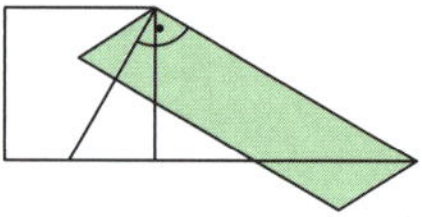

19

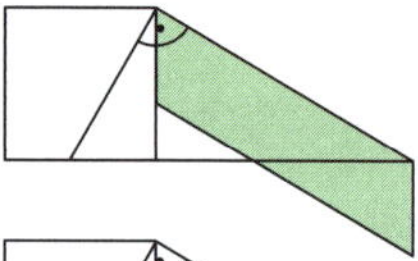

20

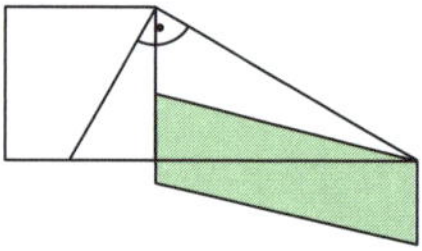

21

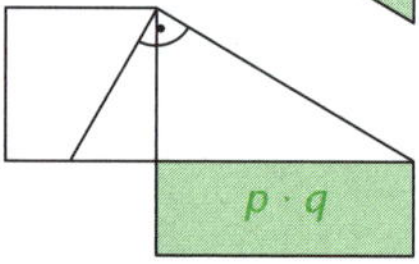

22

In jedem rechtwinkligen Dreieck ist das Quadrat über der Höhe genauso groß wie das Rechteck aus den beiden Hypotenusenabschnitten: $h^2 = p \cdot q$.

6.5 Diagonalen

Quadrat und Rechteck, Würfel und Quader – durch die *Seitenlängen* sind sie festgelegt. Wie also hängen Diagonalen und Seitenlängen zusammen?

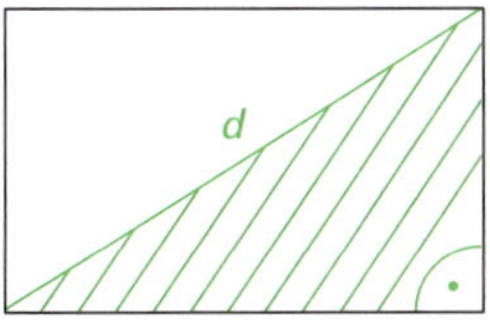

23

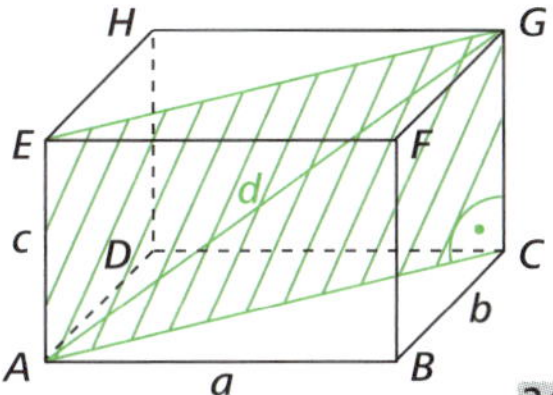

24

Die Diagonale eines Rechtecks der Seitenlängen a und b hat die Länge $d = \sqrt{a^2 + b^2}$.

Denn:
Pythagoras hilft!
Die Diagonale d zerschneidet das Rechteck in zwei rechtwinklige Dreiecke
(↗ Bild 23).
Deshalb ist $d^2 = a^2 + b^2 \Rightarrow$
$d = \sqrt{a^2 + b^2}$.

Ein Quadrat ist ein spezielles Rechteck, es ist $b = a$. Für die Quadratdiagonale gilt:
$d^2 = a^2 + a^2 \Rightarrow$
$d = a\sqrt{2}$.

Die Raumdiagonale eines Quaders der Kantenlängen a, b, c hat die Länge $d = \sqrt{a^2 + b^2 + c^2}$.

Denn:
Auch hier hilft der Pythagoras!

1. Man schneidet den Quader längs AE und CG (↗ Bild 24).
   Die Schnittfläche ist ein Rechteck mit den Seiten $|AE| = c$ und $|AC| = \sqrt{a^2 + b^2}$.
2. Für die Raumdiagonale $|AG|$ gilt:
   $|AG|^2 = |AC|^2 + |AE|^2$,
   $d^2 = a^2 + b^2 + c^2$,
   $d = \sqrt{a^2 + b^2 + c^2}$.

Ein Würfel ist ein spezieller Quader, es ist $c = b = a$. Für die Würfeldiagonale gilt:
$d^2 = a^2 + a^2 + a^2 \Rightarrow$
$d = a\sqrt{3}$.

6

6.6 Höhen

Senkrechte, quadratische Pyramiden mit der Grundkante g und der Seitenkante s haben die Höhe
$h = \sqrt{s^2 - \frac{1}{2} g^2}$.

Denn: Der Schnitt längs gegenüberliegender Seiten ist ein gleichschenkliges Dreieck.
Die Höhe h teilt es in rechtwinklige Dreiecke (↗ Bild 25). Jetzt hilft Pythagoras:

$$s^2 = \left(\frac{1}{2}\,|AC|\right)^2 + h^2.$$

Wegen $|AC|^2 = g^2 + g^2 = 2\,g^2$ folgt:

$$s^2 = \frac{1}{2} g^2 + h^2 \quad \Rightarrow \quad h^2 = s^2 - \frac{1}{2} g^2$$

$$h = \sqrt{s^2 - \frac{1}{2} g^2}.$$

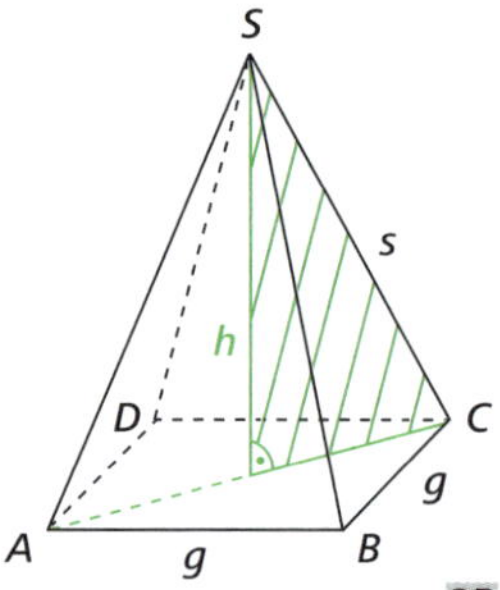

25

6.7 Verallgemeinerter Pythagorassatz

Errichtet man über den Seiten eines rechtwinkligen Dreiecks andere Flächen (z. B. Halbkreise), so gilt unter bestimmten Voraussetzungen eine dem Pythagorassatz analoge Eigenschaft:

In einem rechtwinkligen Dreieck ist der Halbkreis über der Hypotenuse genauso groß wie die beiden Halbkreise über den Katheten (↗ Bild 26).

Denn: Die Halbkreisflächen (↗ S. 114) über den Seiten a, b, c bestimmen sich zu

$F_a = \frac{1}{2}\left(\frac{a}{2}\right)^2 \pi,$

$F_b = \frac{1}{2}\left(\frac{b}{2}\right)^2 \pi,$

$F_c = \frac{1}{2}\left(\frac{c}{2}\right)^2 \pi.$

Aus $c^2 = a^2 + b^2$ folgt

$\frac{\pi}{8} c^2 = \frac{\pi}{8} a^2 + \frac{\pi}{8} b^2$, d. h.

$F_c = F_a + F_b.$

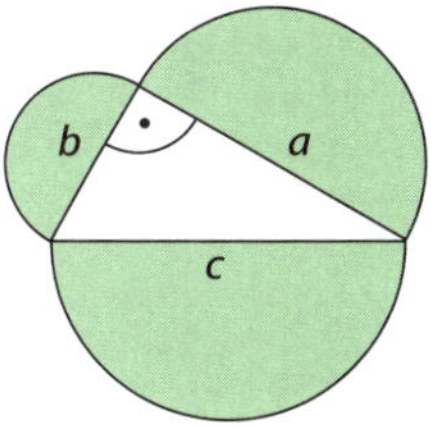

26

> *Allgemein gilt:* In einem rechtwinkligen Dreieck ist eine Fläche über der Hypotenuse genauso groß wie die beiden zu ihr ähnlichen Flächen über den Katheten:
> $F_c = F_a + F_b$ (↗ Bild 27).

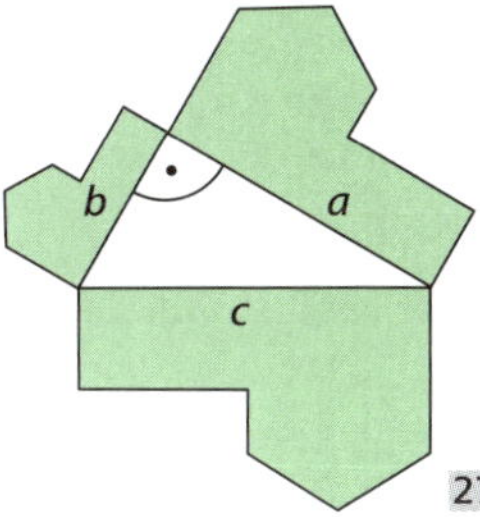

27

6.8 Rechtwinklige und nichtrechtwinklige Dreiecke

Im rechtwinkligen Dreieck gilt der Pythagorassatz, im nicht rechtwinkligen Dreieck *gilt er nicht*. Und man kann noch mehr erkennen!

> Im *stumpfwinkligen* Dreieck ist das Quadrat über der längsten Seite *größer* als die Summe der Quadrate über den beiden anderen Seiten, d. h.: ist $\gamma > 90°$, dann folgt $c^2 > a^2 + b^2$ (↗ Bild 28).

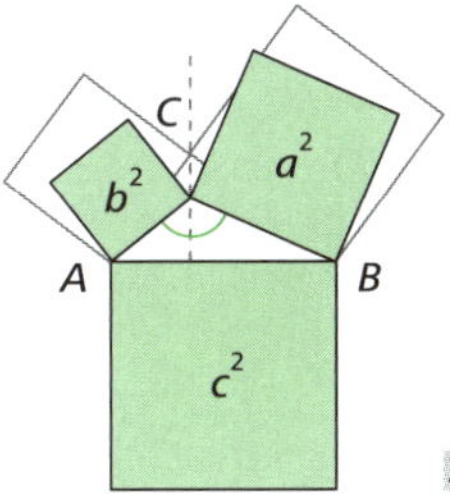

28

Im *spitzwinkligen* Dreieck ist das Quadrat über einer Seite *kleiner* als die Summe der Quadrate über den beiden anderen Seiten, d. h.:
ist $\gamma < 90°$, dann folgt
$c^2 < a^2 + b^2$ (↗ Bild 29).

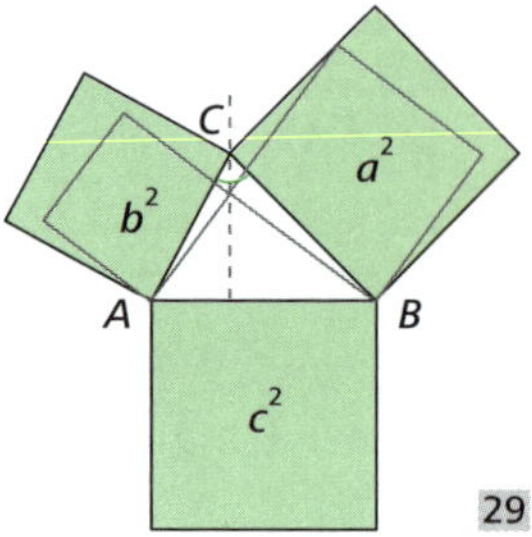

29

Denn: Wir orientieren uns am rechtwinkligen Dreieck *ABC* (↗ Bild 30).
Hier ist $c^2 = a^2 + b^2$.

Verschiebt man den Scheitel *C* auf *c* zu, entstehen stumpfwinklige Dreiecke (↗ Bild 28), dabei werden *a* und *b* kleiner, d. h.: $c^2 > a^2 + b^2$. Verschiebung des Scheitels *C* in die Gegenrichtung (↗ Bild 29) erzeugt spitzwinklige Dreiecke. *a* und *b* werden größer, d. h.: $c^2 < a^2 + b^2$.

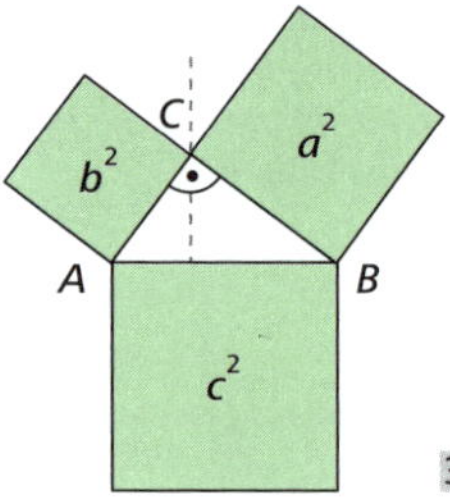

30

BEISPIELE

- Das Dreieck mit den Seiten 5; 8; 10 ist stumpfwinklig; denn $10^2 > 8^2 + 5^2$.
- Das Dreieck mit den Seiten 6; 8; 10 ist rechtwinklig; denn $10^2 = 8^2 + 6^2$.
- Das Dreieck mit den Seiten 7; 8; 10 ist stumpfwinklig; denn $10^2 < 8^2 + 7^2$.

Lern-Check: Teste dein Wissen!

Kapitel „Satz des Pythagoras“	O. K. ✓	Das muss ich noch mal lesen
Ich kann erklären, was ein rechtwinkliges Dreieck ist, und die Namen seiner Seiten nennen.		S. 65
Ich kann rechtwinklige Dreiecke mit Geodreieck (mit Lineal und Winkelmesser; mit Zirkel und Lineal) konstruieren.		S. 65, 66
Ich kann den Satz des Pythagoras angeben und begründen.		S. 66
Ich kann von einem rechtwinkligen Dreieck mit zwei bekannten Seiten die dritte Seite konstruieren und berechnen.		S. 66, 67
Ich kann den Kathetensatz angeben und begründen.		S. 67
Ich kann den Höhensatz angeben und begründen.		S. 68
Ich kann die Satzgruppe des Pythagoras anwenden.		S. 68–70
Ich kann den Satz des Pythagoras verallgemeinern.		S. 70, 71
Ich kann bei nichtrechtwinkligen Dreiecken Beziehungen über die Quadrate der Seiten angeben.		S. 71, 72

7 Vierecke – Vielecke

Vierecke begegnen uns allenthalben:
beim Buch, das wir lesen,
beim Blatt, das wir beschreiben,
beim Fenster, aus dem wir schauen,
bei der Tür, durch die wir gehen,
bei Möbeln, die wir nutzen,
im Raum, in dem wir wohnen ...

Vielecke findet man seltener.
Grundstücke, Häuserblocks, öffentliche Plätze –
sie haben gelegentlich die Form von Vielecken.
In ihren regelmäßigen Ausformungen hingegen
erfahren sie mannigfache Verwendung:
in Pflasterungen und Parketten,
in Fliesenmustern und Mosaiken.

7.1 Konvex – konkav

In *konvexen* Figuren kann man sich unkompliziert bewegen: Von jeder Stelle erreicht man jede andere Stelle ohne Umwege und ohne die Figur zu verlassen.
Bei *konkaven* Figuren ist das schwieriger. Hier verläuft der direkte Weg zwischen zwei Orten nicht immer ganz im Innern der Figur.

Konvexe Figuren sind z. B. Dreiecke, Quadrate, Rechtecke, Kreise. Nichtkonvexe (konkave) Figuren sind z. B. Sternfiguren, Kreisringe, sichelförmige Figuren, Figuren mit Löchern oder Einbuchtungen.

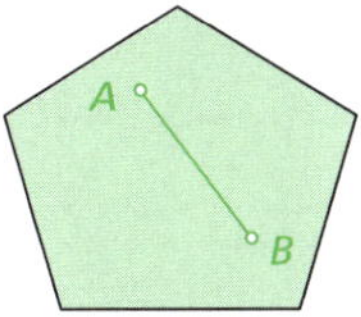

1

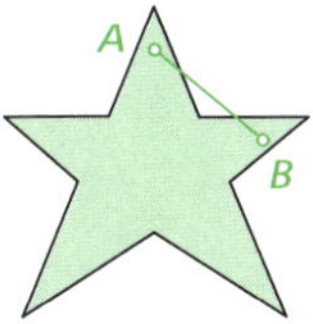

2

Eine Figur ist ***konvex***, wenn sie mit je zwei Punkten *A* und *B* auch die Verbindungsstrecke $\overline{AB}$ enthält (↗ Bild 1).

Sie ist nicht konvex (***konkav***), wenn sie Punkte enthält, deren Verbindungsstrecke nicht vollständig zur Figur gehört (↗ Bild 2).

7.2 Konvexe Vierecke – konkave Vierecke

Konvexe Vier- und Vielecke sind von besonderem Interesse. Für sie gilt – wie für andere konvexe Figuren auch –, dass mit zwei ihrer Punkte stets die gesamte Verbindungsstrecke zur Figur gehört. Das hat Konsequenzen!

7

konvex

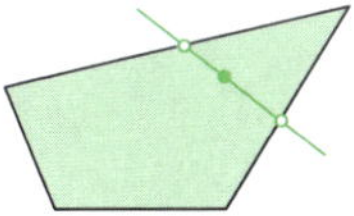

3

Jede Gerade durch einen inneren Punkt trifft den Rand in *genau zwei* Punkten (↗ Bild 3).

konkav (nichtkonvex)

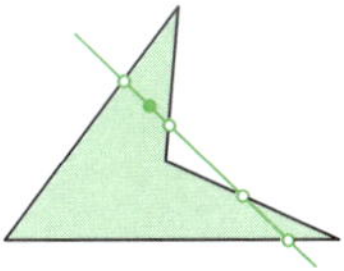

4

Es gibt Geraden durch innere Punkte, die den Rand in mehr als zwei Punkten treffen (↗ Bild 4).

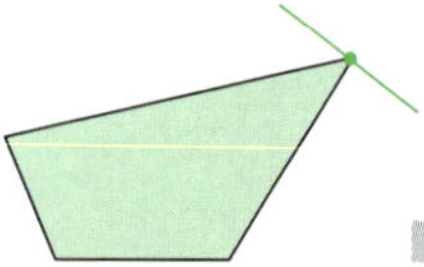

5

Durch jeden Eckpunkt gibt es Geraden, die ganz außerhalb der Figur verlaufen (↗ Bild 5).

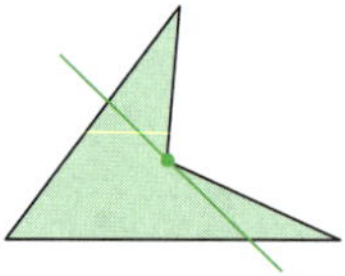

6

Es gibt Eckpunkte, durch die *keine* Gerade ganz außerhalb der Figur verläuft (↗ Bild 6).

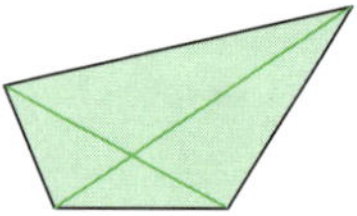

7

Alle Diagonalen verlaufen ganz im Innern der Figur (↗ Bild 7).

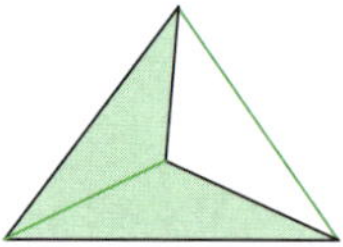

8

Es gibt Diagonalen, die außerhalb der Figur verlaufen (↗ Bild 8).

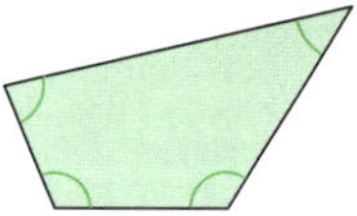

9

Jeder Innenwinkel ist kleiner als 180° (↗ Bild 9).

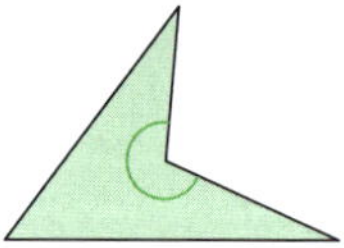

10

Es gibt Innenwinkel, die größer als 180° sind (↗ Bild 10).

7.3 Quadrat und Rechteck

Quadrate zeichnen sich durch ihren hohen Symmetriegrad aus.

Rechtecke haben einen geringeren Symmetriegrad als Quadrate.

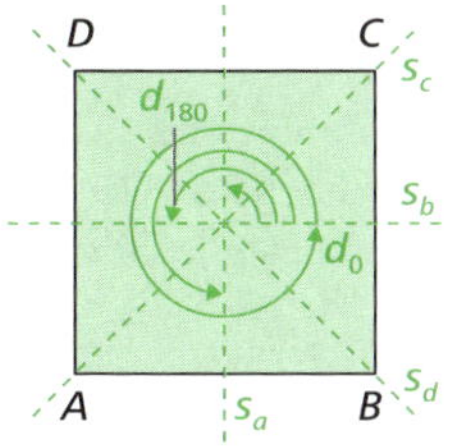

11

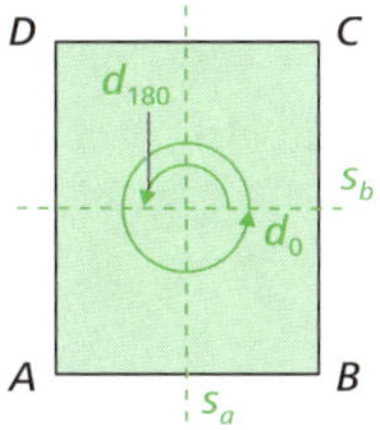

12

Quadrate haben den Symmetriegrad 8 (↗ S. 41 ff.): Sie besitzen vier Achsensymmetrien s_a, s_b, s_c, s_d sowie vier Drehsymmetrien $d_0, d_{90}, d_{180}, d_{270}$ (↗ Bild 11).

Diese Symmetrien bedeuten (↗ Bild 11):

1. Je zwei gegenüberliegende Seiten sind parallel.
2. Je zwei gegenüberliegende Seiten sind gleich lang.
3. Je zwei benachbarte Seiten sind gleich lang.
4. Je zwei gegenüberliegende Winkel sind gleich groß.
5. Je zwei benachbarte Winkel sind gleich groß.
6. Die Diagonalen sind gleich lang.
7. Die Diagonalen halbieren sich.
8. Die Diagonalen stehen senkrecht aufeinander.

Rechtecke haben den Symmetriegrad 4: Sie besitzen zwei Achsensymmetrien s_a, s_b sowie zwei Drehsymmetrien d_0, d_{180} (↗ Bild 12).

Diese Symmetrien bedeuten (↗ Bild 12):

1. Je zwei gegenüberliegende Seiten sind parallel.
2. Je zwei gegenüberliegende Seiten sind gleich lang.
3. Je zwei gegenüberliegende Winkel sind gleich groß.
4. Je zwei benachbarte Winkel sind gleich groß.
5. Die Diagonalen sind gleich lang.
6. Die Diagonalen halbieren sich.

7.4 Raute und Parallelogramm

Rauten haben den gleichen Symmetriegrad wie Rechtecke.

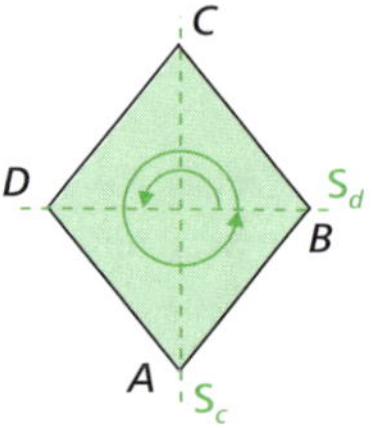

13

Rauten haben den Symmetriegrad 4. Sie besitzen zwei Achsensymmetrien s_c, s_d sowie zwei Drehsymmetrien d_0 und d_{180} (↗ Bild 13).

Diese Symmetrien bedeuten (↗ Bild 13):

1. Je zwei gegenüberliegende Seiten der Raute sind parallel.
2. Je zwei gegenüberliegende Seiten sind gleich lang.
3. Je zwei benachbarte Seiten sind gleich lang.
4. Je zwei gegenüberliegende Winkel sind gleich groß.
5. Die Diagonalen halbieren sich.
6. Die Diagonalen stehen senkrecht aufeinander.

Parallelogramme sind unsymmetrischer als Rechtecke und Rauten; sie haben keine Achsensymmetrie.

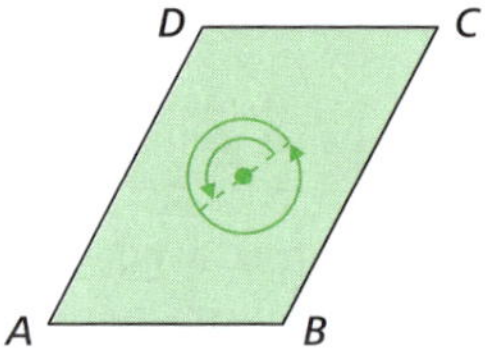

14

Parallelogramme haben den Symmetriegrad 2. Sie besitzen die zwei Drehsymmetrien d_0 und d_{180} (↗ Bild 14).

Diese Symmetrien bedeuten (↗ Bild 14) :

1. Je zwei gegenüberliegende Seiten des Parallelogramms sind parallel.
2. Je zwei gegenüberliegende Seiten sind gleich lang.
3. Je zwei gegenüberliegende Winkel sind gleich groß.
4. Die Diagonalen halbieren sich.

7.5 Drachen und gleichschenkliges Trapez

Drachen haben den gleichen Symmetriegrad wie Parallelogramme.

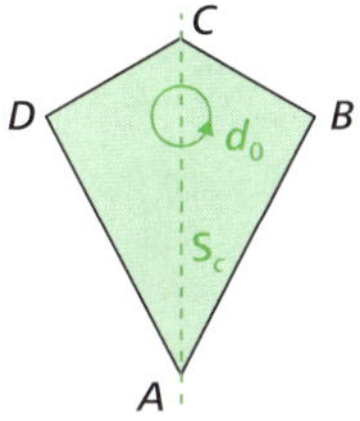

15

Drachen haben den Symmetriegrad 2. Sie besitzen die Achsensymmetrie s_c sowie – natürlich – die Drehsymmetrie d_0 (↗ Bild 15).

Die Achsensymmetrie s_c bedeutet (↗ Bild 15):

1. Je zwei in der Symmetrieachse sich treffende Seiten sind gleich lang.
2. Ein Paar gegenüberliegende Winkel sind gleich groß.
3. Die zu s_c senkrechte Diagonale wird von der anderen halbiert.
4. Die Diagonalen stehen senkrecht aufeinander.

Gleichschenklige ***Trapeze*** haben den gleichen Symmetriegrad wie Parallelogramme und Trapeze.

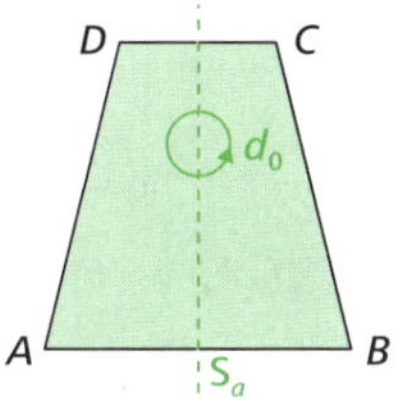

16

Gleichschenklige Trapeze haben den Symmetriegrad 2. Sie besitzen die Achsensymmetrie s_a sowie – natürlich – die Drehsymmetrie d_0 (↗ Bild 16).

Die Achsensymmetrie s_a bedeutet (↗ Bild 16):

1. Ein Paar gegenüberliegender Seiten ist parallel.
2. Das andere Paar (die Schenkel) hat gleiche Länge.
3. Je zwei an den parallelen Seiten anliegende Winkel sind gleich groß.
4. Die Diagonalen sind gleich lang.

7

7.6 Unsymmetrische Vierecke

Unsymmetrische Vierecke, man nennt sie auch „beliebige“ Vierecke, haben den geringsten Symmetriegrad.

Beliebige Vierecke haben den Symmetriegrad 1. Sie besitzen nur die allen Figuren zukommende Drehsymmetrie d_0; d. h., sie werden nur durch eine Drehung um 0° bzw. um 360° in sich selbst überführt (↗ Bild 17).

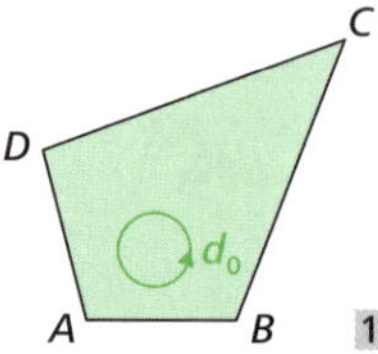

17

FEHLERQUELLE Obwohl nicht symmetrisch, müssen die Seiten nicht alle verschieden lang, die Winkel nicht verschieden groß und die Diagonalen nicht unterschiedlich lang oder schiefwinklig sein – die Bilder (↗ Bilder 18, 19 und 20) zeigen es.

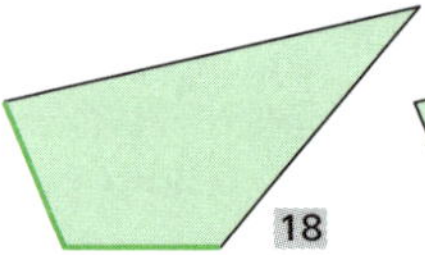

18

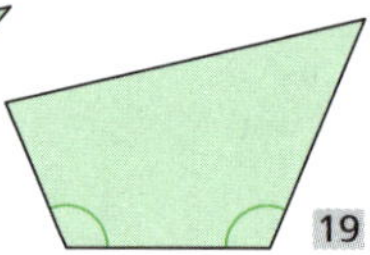

19

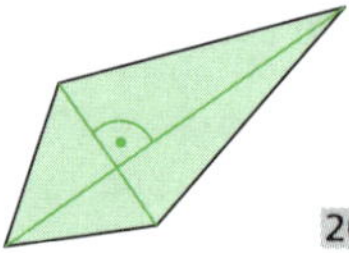

20

7.7 Vielecke

Vielecke sind ebene, geschlossene, geradlinig begrenzte Figuren. Sie lassen sich nach unterschiedlichen Merkmalen in Vieleckssorten gruppieren. Kennzeichnende Merkmale für Vielecke sind Ecken- bzw. Seitenzahl, Symmetrie, Konvexität.

Unterscheidung nach Ecken- bzw. Seitenzahl

3-Ecke: Sie haben 3 Ecken und 3 Seiten.
4-Ecke: Sie haben 4 Ecken und 4 Seiten.
5-Ecke Sie haben 5 Ecken und 5 Seiten.
17-Ecke: Sie haben 17 Ecken und 17 Seiten.
n-Ecke: Sie haben n Ecken und n Seiten.

Unterscheidung nach Symmetrie

Vielecke können, ähnlich wie Vierecke, unterschiedlichen Symmetriegrad haben. Anders als dort unterscheidet man hier nicht nach allen verschiedenen Symmetriegraden. Vielecke mit dem höchstmöglichen Symmetriegrad sind die regelmäßigen Vielecke (↗ S. 82), alle anderen sind die nicht regelmäßigen Vielecke.

BEISPIEL

Ein regelmäßiges 5-Eck hat den Symmetriegrad 10.
(↗ Bild 21)
Es besitzt 5 Achsensymmetrien (s_1, …, s_5) und 5 Drehsymmetrien, nämlich die Drehungen um

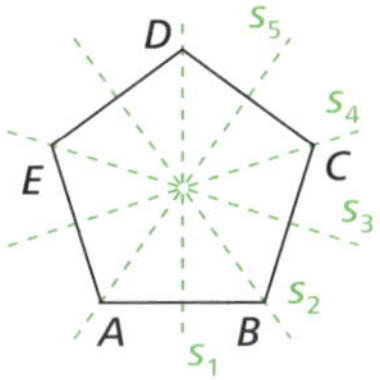

21

$0 \cdot \frac{360°}{5}$; $1 \cdot \frac{360°}{5}$; $2 \cdot \frac{360°}{5}$; $3 \cdot \frac{360°}{5}$; $4 \cdot \frac{360°}{5}$ (↗ Bild 21).

Ganz entsprechend haben regelmäßige n-Ecke den Symmetriegrad $2 \cdot n$, nämlich n Achsen- und n Drehsymmetrien.

7

Unterscheidung nach Konvexität

Konvexe Vielecke

Sie sind – wie alle konvexen Figuren – dadurch charakterisiert, dass sie mit zwei ihrer Punkte A, B stets die gesamte Verbindungsstrecke $\overline{AB}$ enthalten (↗ Bild 22).

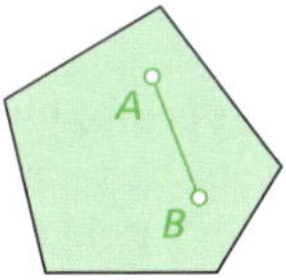

22

Konkave (nichtkonvexe) Vielecke

Sie sind – wie alle konkaven Figuren – dadurch charakterisiert, dass sie auch solche Punkte A, B enthalten, deren Verbindungsstrecke $\overline{AB}$ nicht ganz im Innern des Vielecks verläuft (↗ Bild 23).

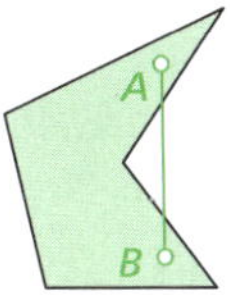

23

Überschlagene Vielecke

Charakteristisch sind die sich „überschneidenden" Seiten.

BEACHTE Bild 24 zeigt das Fünfeck *ABCDE*; *P* ist kein Eckpunkt!

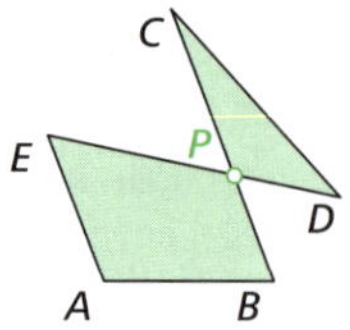

24

7.8 Regelmäßige Vielecke

Regelmäßige Vielecke zeichnen sich durch *Gleichmaß* und hohe *Symmetrie* aus. Sie ebnen den Weg zum Kreis – trotz ihrer Geradlinigkeit füllen sie ihn mit zunehmender Eckenzahl mehr und mehr aus!

Ein regelmäßiges n-Eck hat n gleiche Seiten und n gleiche Winkel. Es ist aus n *deckungsgleichen* gleichschenkligen Dreiecken aufgebaut, die ***Bestimmungsdreiecke*** heißen (↗ Bild 25).

Jedes regelmäßige n-Eck besitzt einen Umkreis und Inkreis.

Denn: Regelmäßige n-Ecke sind aus n gleichartigen kongruenten gleichschenkligen Bestimmungsdreiecken aufgebaut (↗ Kongruenz, S. 62).

1. Der Schenkel eines Bestimmungsdreiecks ist deshalb der Umkreisradius r_u (↗ Bild 26).
2. Die Höhe eines Bestimmungsdreiecks ist der Inkreisradius r_i (↗ Bild 26).

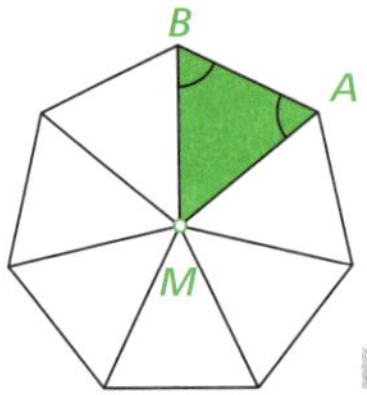

25

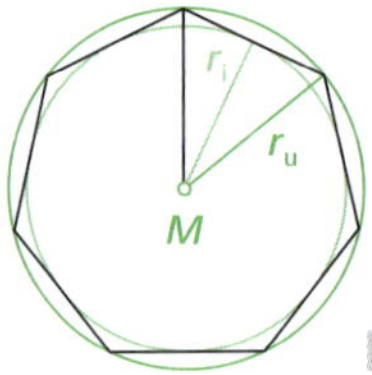

26

Regelmäßige Vielecke haben gleichartige Winkel (↗ S. 28).

7.9 Konstruktion mit Zirkel und Lineal

Seit alters gelten Zirkel und Lineal aus gutem Grund als bevorzugte Konstruktionsmittel – das vor allem deshalb, weil sich solche Konstruktionen bequem rechnerisch begleiten lassen (↗ Grundkonstruktionen, S. 141 ff.). Hier interessiert: Welche regelmäßigen Vielecke lassen sich mit diesen klassischen Werkzeugen konstruieren, welche nicht?

Regelmäßiges 4-Eck und seine Familie

1. Man beschreibt um M einen Kreis vom Radius r (↗ Bild 27).
2. Man konstruiert zwei senkrecht aufeinanderstehende Durchmesser $\overline{AC}$ und $\overline{BD}$ (↗ Mittellot konstruieren, S. 144). $ABCD$ ist ein Quadrat (↗ Bild 28).
3. Wiederholtes Halbieren der Seiten (mit dem Zirkel: ↗ S. 141) führt zum regelmäßigen 8-Eck, zum 16-Eck, zum 32-Eck, … (↗ Bild 29).

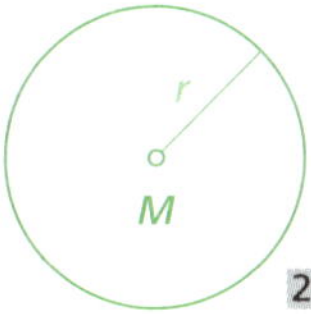

27

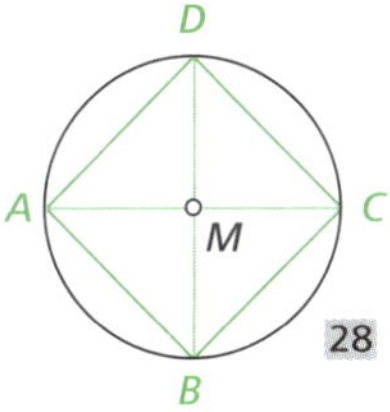

28

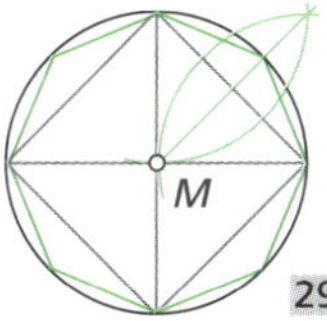

29

Regelmäßiges 6-Eck und seine Familie

1. Zeichne um M einen Kreis vom Radius r (↗ Bild 30).
2. Der Radius r lässt sich genau 6-mal auf dem Kreis (mit dem Zirkel) abtragen (↗ Bild 31).
   Verbindet man *jede zweite* Ecke untereinander, so erhält man ein regelmäßiges 3-Eck.
3. Wiederholtes Halbieren der Seiten (mit dem Zirkel: ↗ S. 141) führt zum regelmäßigen 12-Eck, zum 24-Eck, zum 48-Eck, … (↗ Bild 32).

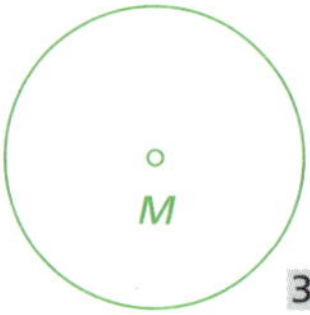

30

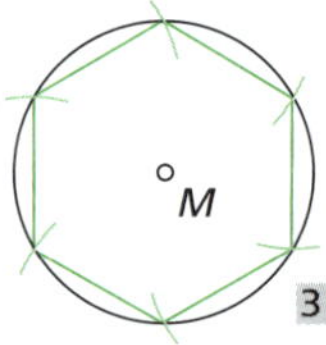

31

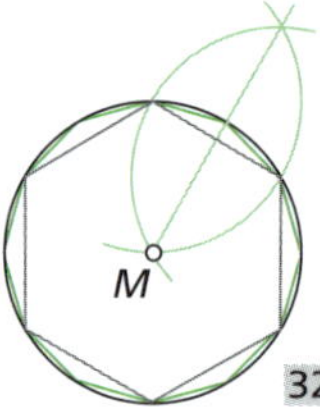

32

Die anderen …

Die Konstruktion regelmäßiger 3-, 4- und auch 5-Ecke und ihrer Abkömmlinge ist seit dem Altertum bekannt. Im 19. Jahrhundert erkannte C. F. Gauß, welche weiteren regelmäßigen Vielecke mit Zirkel und Lineal konstruierbar sind. Er war bei dieser Entdeckung gerade 18 Jahre alt! Hier sein Ergebnis:

Regelmäßige Vielecke mit *ungerader* Eckenzahl n lassen sich nur dann mit Zirkel und Lineal konstruieren, wenn

- n Primzahl und von der Form $2^{2^k} + 1$ ist, oder
- n ein Produkt verschiedener Primfaktoren dieser Form ist.

BEISPIELE Das bedeutet beispielsweise:

- Für $k = 0; 1; 2; 3; 4$ ist $n = 2^{2^k} + 1 = 3; 5; 17; 257; 65\,537$.
  Dies sind Primzahlen. Solche regelmäßigen n-Ecke lassen sich mit Zirkel und Lineal konstruieren.
- Für $k = 5$ ist $n = 2^{2^k} + 1 = 4\,294\,967\,297 = 641 \cdot 6\,700\,417$ keine Primzahl. Dieses n-Eck lässt sich mit Zirkel und Lineal *nicht* konstruieren.

Lern-Check: Teste dein Wissen!

Kapitel „Vierecke – Vielecke“	O.K. ✓	Das muss ich noch mal lesen
Ich kann erklären, was konvexe und konkave Figuren sind und jeweils Beispiele skizzieren.		S. 74–76
Ich kann Eigenschaften konvexer und konkaver Figuren nennen.		S. 75, 76
Ich kann die Symmetrien eines Quadrates aufzählen und daraus Eigenschaften von Quadraten ableiten.		S. 76, 77
Ich kann die Symmetrien von Rechtecken aufzählen und daraus Eigenschaften von Rechtecken ableiten.		S. 76, 77
Ich kann die Symmetrien von Rauten aufzählen und daraus Eigenschaften von Rauten ableiten.		S. 78
Ich kann die Symmetrien von Parallelogrammen aufzählen und daraus Eigenschaften von Parallelogrammen ableiten.		S. 78
Ich kann die Symmetrien von Drachen aufzählen und daraus Eigenschaften von Drachen ableiten.		S. 79
Ich kann die Symmetrien von Trapezen aufzählen und daraus Eigenschaften von Trapezen ableiten.		S. 79
Ich kann Vielecke unterscheiden nach Ecken- und Seitenzahl, nach Symmetrien und nach Konvexität.		S. 80–82
Ich kann regelmäßige Vielecke erkennen, beschreiben und charakteristische Eigenschaften nennen.		S. 82
Ich kann regelmäßige 3-Ecke, regelmäßige 4-Ecke und ihre jeweiligen Abkömmlinge mit Zirkel und Lineal konstruieren.		S. 83, 84

8 Kreise

Der Kreis
ohne Anfang und Ende und doch endlich, krumm und doch gleichförmig, stets die Richtung ändernd und doch zu sich zurückfindend.

Der Kreis

- spielt nicht nur im Alltag, in der Kunst und der Technik eine herausragende Rolle; auch in der Geometrie ist er mehr als bloße Zirkellinie;
- ist neben der Geraden das wichtigste und einfachste geometrische Gebilde;
- ist mit anderen geometrischen Grundelementen wie Geraden, Winkeln, Drei-, Vier- und Vielecken in vielfacher Weise verwoben;
- erweist sich in vielfältiger Weise als unentbehrliches Konstruktionselement;
- war seit jeher Gegenstand mathematischer Überlegungen, die entscheidend zur Entwicklung der Mathematik beigetragen haben.

8.1 Kreis – was ist das?

So zeichnet man Kreise

Mit Stecknadel, Faden und Bleistift: Die Stecknadel markiert den Mittelpunkt *M*. Bitte beachte, dass der Faden beim Zeichnen stets gestrafft sein muss (↗ Bild 1).

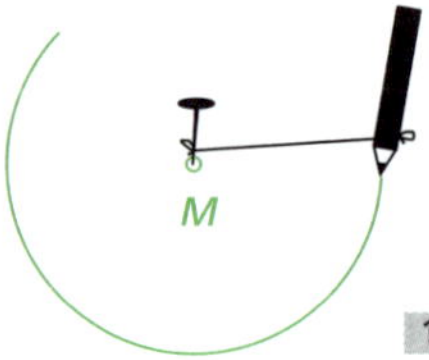

1

Mit dem Zirkel:
1. Zuerst wird der Mittelpunkt markiert;
2. mit den Zirkelarmen wird der Radius abgegriffen;
3. die Metallspitze wird auf den markierten Mittelpunkt *M* gesetzt;
4. der Zirkel wird zügig und möglichst ohne abzusetzen gedreht (↗ Bild 2).

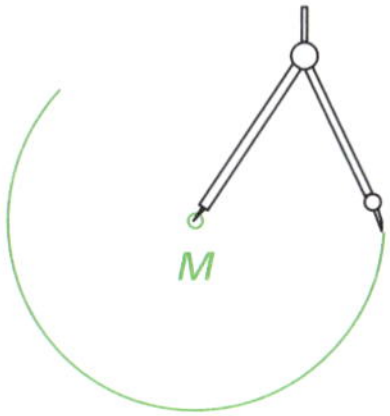

2

Das also ist der Kreis
Die Kreislinie ist die Gesamtheit aller Punkte, die von einem vorgegebenen Punkt, dem ***Mittelpunkt*** *M*, die gleiche Entfernung *r* haben. Diese Entfernung heißt ***Radius*** *r* (↗ Bild 3). Die Kurzschreibweise für einen Kreis mit Mittelpunkt *M* und Radius *r* ist *k* (*M*; *r*).

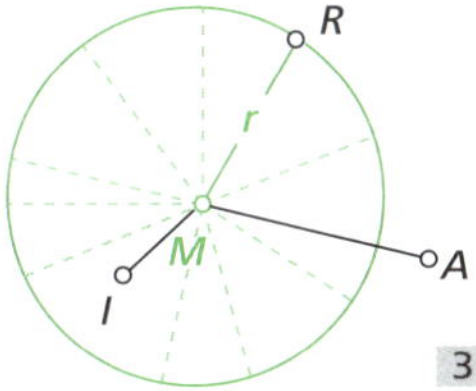

3

8

BEISPIEL
In einem Koordinatensystem lassen sich Punkte exakt zahlenmäßig beschreiben. *k* [(5 | 7); 3] meint dort den Kreis mit dem Mittelpunkt (5 | 7) und dem Radius 3.

BEACHTE Der Kreis ist eine ***Trennlinie***. Der Abstand *a* eines Punktes vom Mittelpunkt *M* entscheidet, wie der Punkt bezüglich des Kreises liegt (↗ Bild 3):
- 1. $a < r$: der Punkt *I* liegt *innerhalb* des Kreises;
- 2. $a = r$; der Punkt *R* liegt *auf* der Kreislinie;
- 3. $a > r$: der Punkt *A* liegt *außerhalb* des Kreises.

8.2 Bezeichnungen

Der ***Radius*** *r* oder ***Halbmesser*** *r* ist die Strecke vom Mittelpunkt *M* zu einem Punkt der Kreislinie.
Der ***Durchmesser*** *d* ist jede Strecke zwischen zwei Kreispunkten, welche den Mittelpunkt enthält.
Der Durchmesser ist doppelt so lang wie der Radius $d = 2\,r$ (↗ Bild 4).

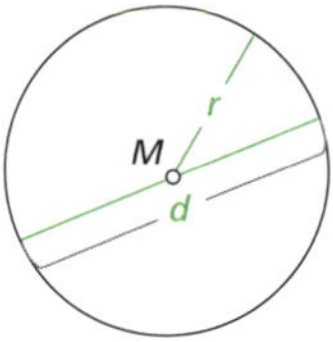

4

Eine ***Passante*** *p* ist eine Gerade, die mit dem Kreis *keinen* Punkt gemeinsam hat. Ihr Abstand zum Mittelpunkt ist größer als der Radius: $d\,(p, M) > r$ (↗ Bild 5).

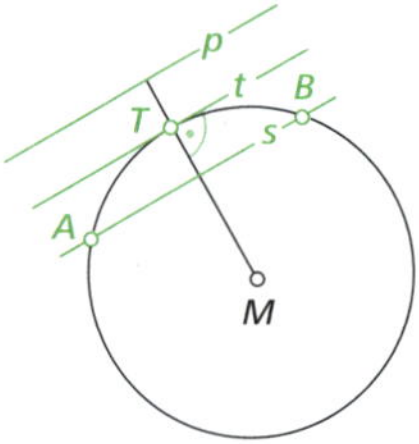

5

Eine ***Tangente*** *t* ist eine Gerade, die mit dem Kreis *einen einzigen* Punkt gemeinsam hat, den ***Berührpunkt T***.
Die Tangente steht senkrecht auf dem Radius (↗ S. 90); ihr Abstand zum Mittelpunkt ist also genauso groß wie der Radius: $d\,(t, M) = r$ (↗ Bild 5).

Eine ***Sekante*** *s* ist eine Gerade, die mit dem Kreis *zwei* Punkte *A*, *B* gemeinsam hat. Die Strecke $\overline{AB}$ heißt ***Sehne***.
Ihr Abstand zum Mittelpunkt ist kleiner als der Radius:
$d\,(s, M) < r$ (↗ Bild 5).

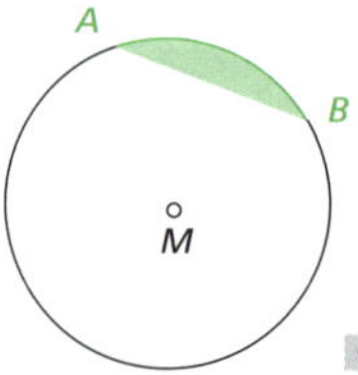

6

Ein ***Kreisbogen*** $\overset{\frown}{AB}$ ist Teil der Kreislinie; er wird von *A* und *B* begrenzt (↗ im Bild 6 der dunkelgrüne Bogen).

Ein ***Kreisabschnitt*** oder ***Segment*** ist Teil der Kreisfläche und wird begrenzt von der Sehne $\overline{AB}$ und dem Bogen $\overset{\frown}{AB}$ (↗ Bild 6).

Ein ***Kreisausschnitt*** oder ***Sektor*** ist Teil der Kreisfläche und wird begrenzt vom Bogen $\widehat{AB}$ und den Radien $\overline{AM}$ und $\overline{BM}$ (↗ Bild 7).

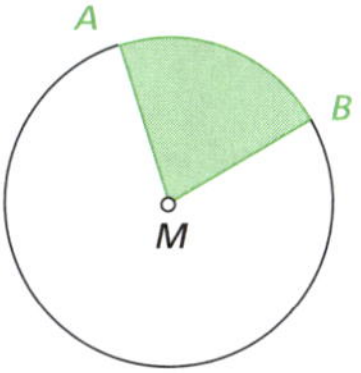

7

8.3 Symmetrien des Kreises

Gleichgültig, ob man ihn von vorn oder von hinten, von rechts oder von links betrachtet – *der Kreis hat stets das gleiche Aussehen*. Dies ist Ausdruck seiner hohen Symmetrie und darin wird er auch von keiner anderen ebenen Figur übertroffen (↗ S. 35 ff.). Seine ***Symmetrien*** gehören zu seinen bemerkenswertesten und wichtigsten Eigenschaften:

Der Kreis ist achsensymmetrisch zu jedem seiner Durchmesser.

Denn gleichgültig, welchen Durchmesser man wählt: der eine Halbkreis ist eine getreue Kopie des anderen (↗ Bild 8).

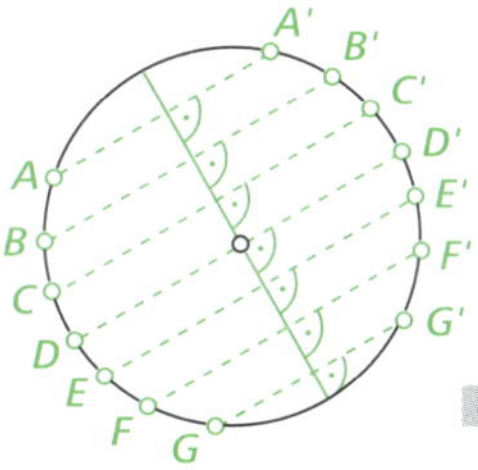

8

Der Kreis ist bezüglich seines Mittelpunkts um jeden Winkel drehsymmetrisch.

Denn gleichgültig, um welchen Winkel man dreht: der gedrehte Kreis ist eine getreue Kopie der Ausgangsfigur (↗ Bild 9).

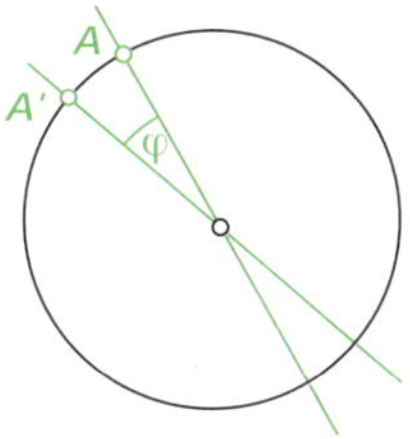

9

8

8.4 Sehnen

Die Mittelsenkrechte einer Sehne enthält stets den Kreismittelpunkt.

Denn: Der Mittelpunkt M hat zu allen Punkten auf dem Kreis gleichen Abstand, auch zu den beiden Sehnenendpunkten A und B (↗ Bild 10). Und die Punkte, die von den Endpunkten einer Strecke gleich weit entfernt sind, liegen auf ihrer Mittelsenkrechten (↗ S. 55) (↗ Bild 10).

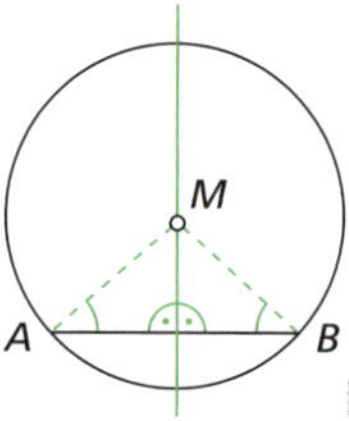

10

▶ **ANWENDUNG** Diese Eigenschaft wird zum Auffinden des Kreismittelpunkts genutzt (↗ S. 146, mit Bildern):
1. Man zeichnet eine Sehne s_1 und konstruiert ihr Mittellot m_1.
2. Man zeichnet eine zweite Sehne s_2 und konstruiert ihr Mittellot m_2.
3. Die Mittellote m_1, m_2 schneiden sich im Kreismittelpunkt M.

8.5 Tangenten

Die Tangente eines Kreises steht im Berührpunkt senkrecht auf dem Radius.

Denn: Der (verlängerte) Radius ist Symmetrieachse des Kreises! Deshalb sind beiderseits des Radius entsprechende Größen gleich, deshalb halbiert der Radius den gestreckten Winkel im Berührpunkt (↗ Bild 11).

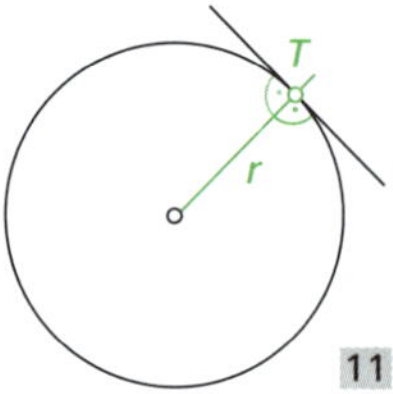

11

Die Tangentenabschnitte von einem Punkt P außerhalb des Kreises an den Kreis sind gleich: $|PA| = |PB|$.

Denn: Die Gerade PM ist Symmetrieachse! Deshalb sind entsprechende Größen beiderseits der Achse gleich und deshalb sind die beiden Tangentenabschnitte gleich (↗ Bild 12).

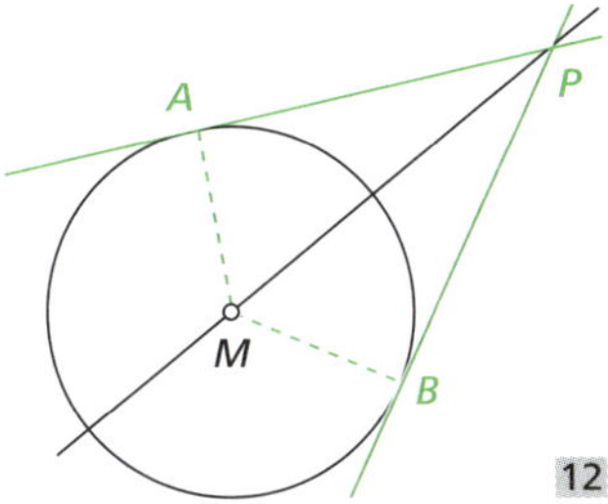

12

8.6 Mittelpunktswinkel

Als ***Mittelpunktswinkel*** (oder ***Zentriwinkel***) eines Kreises bezeichnet man einen Winkel, dessen Scheitel im Kreismittelpunkt M liegt (↗ Bild 13).

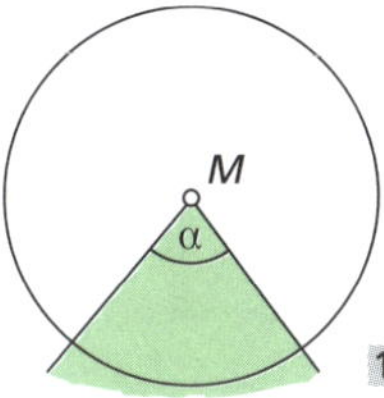

13

Sind in einem Kreis die Mittelpunktswinkel gleich, dann sind auch
1. **die zugehörigen Kreisbögen gleich lang,**
2. **die zugehörigen Sehnen gleich lang.**

Denn:
1. Dreht man um gleiche Winkel α, dann sind die überstrichenen Bögen gleich.
2. Zu gleichen Winkeln bzw. gleichen Bögen gehören gleich lange Sehnen (↗ Bild 14).

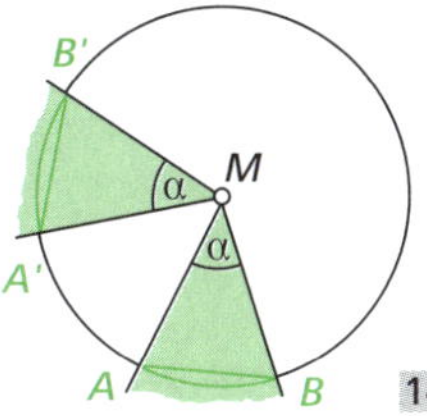

14

8.7 Umfangswinkel

Ein Umfangswinkel des Kreises ist ein Winkel, dessen Scheitel auf dem Kreis liegt und dessen Schenkel den Kreis in zwei Punkten A und B schneiden (↗ Bild 15).

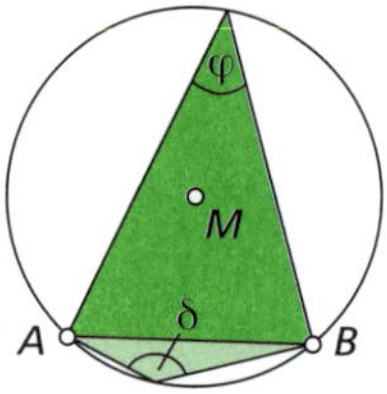

15

Zwei Punkte A, B zerlegen einen Kreis in zwei *komplementäre* Bögen. Je nachdem, auf welchem Bogen der Scheitel liegt, gehören deshalb zur Sehne $\overline{AB}$ zwei unterschiedliche Sorten von Umfangswinkeln, in Bild 15 sind sie mit φ bzw. δ bezeichnet.

Zwei Umfangswinkel über komplementären Bögen (↗ Bild 15) ergänzen sich zu 180°.

Denn: Es seien φ und δ Umfangswinkel über ***komplementären Bögen*** $\widehat{AB}$.

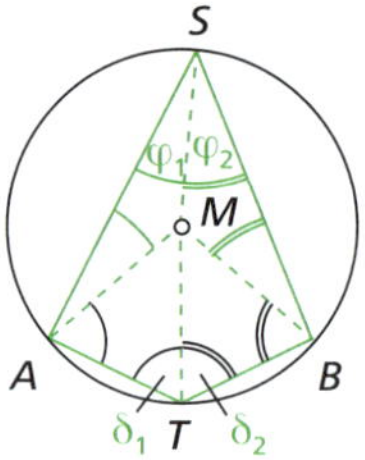

16

1. Das durch φ und δ bestimmte Kreisviereck lässt sich in vier *gleichschenklige* Dreiecke zerlegen (↗ Bild 16).
2. Die Winkelsumme im Viereck ist 360°, d. h.
   $2\,\varphi_1 + 2\,\varphi_2 + 2\,\delta_1 + 2\,\delta_2 = 360°$.
3. Wegen $\varphi_1 + \varphi_2 = \varphi$ und $\delta_1 + \delta_2 = \delta$ gilt: $\varphi + \delta = 180°$.

Der Umfangswinkel über der Sehne $\overline{AB}$ ist halb so groß wie der Mittelpunktswinkel über dieser Sehne (↗ Bild 17).

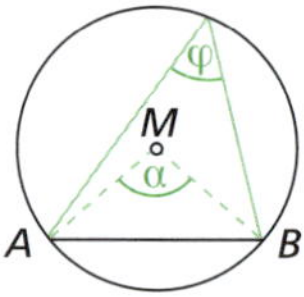

17

Denn:

1. $\triangle ABS$ lässt sich in *gleichschenklige* Dreiecke $\triangle AMB$, $\triangle AMS$, $\triangle SMB$ zerlegen (↗ Bild 18).
   Deshalb ist $\alpha_1 = 180° - 2\ \varphi_1$ und $\alpha_2 = 180° - 2\ \varphi_2$.
2. Wegen $\alpha + \alpha_1 + \alpha_2 = 360°$ folgt:
   $\alpha = 360° - (180° - 2\ \varphi_1 + 180° - 2\ \varphi_2)$ und damit
   $\varphi = \varphi_1 + \varphi_2 = \frac{\alpha}{2}$.

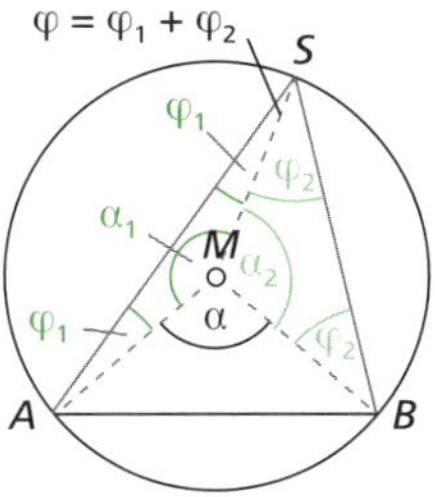

18

Umfangswinkelsatz
Alle Umfangswinkel über demselben Bogen sind gleich.

Denn: Zum Bogen $\overset{\frown}{AB}$ gehört ein einziger Mittelpunktswinkel α (↗ Bild 19). Jeder Umfangswinkel φ über diesem Bogen $\overset{\frown}{AB}$ misst $\frac{\alpha}{2}$; also sind alle Umfangswinkel über einem Bogen gleich groß.

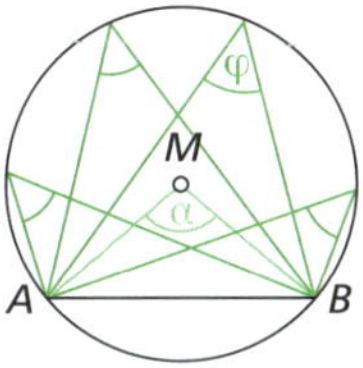

19

Thalessatz
Alle Umfangswinkel über dem Kreisdurchmesser betragen 90°.

Denn: In diesem Fall beträgt der Mittelpunktswinkel 180°, die zugehörigen Umfangswinkel also
$\frac{180°}{2} = 90°$ (↗ Bild 20).

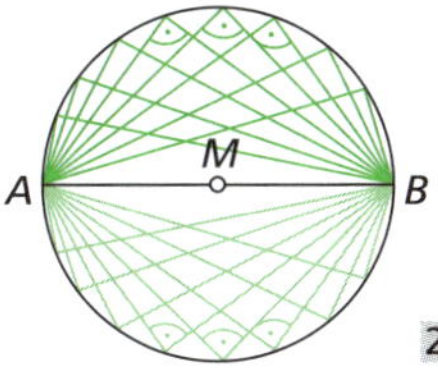

20

8

8.8 Sehnentangentenwinkel

Die Tangente t und eine Sehne $\overline{AB}$ durch ihren Berührpunkt bilden zwei Winkel, die ***Sehnentangentenwinkel*** σ_1, σ_2.

BEACHTE Zu jedem der beiden Sehnentangentenwinkel gehört ein Bogen und damit ein Mittelpunkts- und Umfangswinkel. Zum kleineren Sehnentangentenwinkel gehört der kleinere Bogen, zum größeren der größere Bogen. Dreht man einen Schenkel um σ_1 bzw. σ_2, so wird der zugehörige Bogen überstrichen (↗ Bild 21).

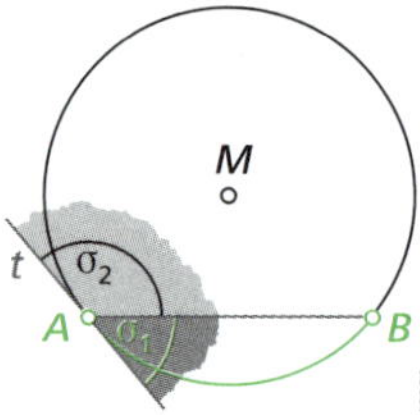

21

> **Ein Sehnentangentenwinkel ist halb so groß wie der zum gleichen Bogen gehörende Mittelpunktswinkel.**
> **Damit ist er genauso groß wie der zugehörige Umfangswinkel (↗ Bild 22).**

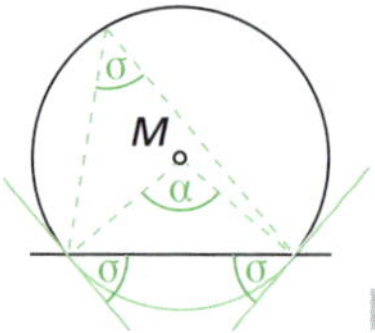

22

Denn: Der halbe Mittelpunktswinkel $\frac{\alpha}{2}$ und der Winkel β ergänzen sich zu 90°, ebenso der Sehnentangentenwinkel σ und der Winkel β (↗ Bild 23).

Also ist $\frac{\alpha}{2} + \beta = 90° = \sigma + \beta$.

Also ist $\frac{\alpha}{2} = \sigma$.

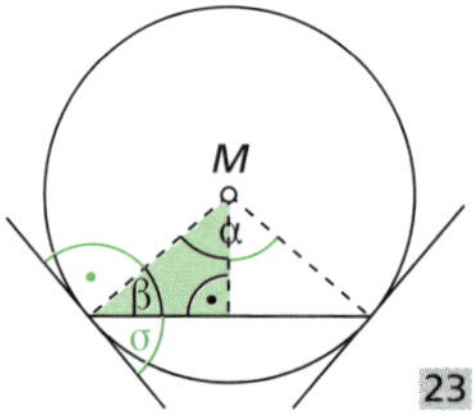

23

8.9 Sehnen-, Sekanten-, Tangentensatz

Zeichnet man Sehnen, Sekanten oder Tangenten, dann erkennt man: ihr Schnittpunkt legt ihre Abschnitte fest. So ist es in der Zeichnung und so ist es auch in der Rechnung!

Sehnensatz
Schneiden sich die Sehnen $\overline{AB}$ und $\overline{A'B'}$ in einem Punkt P innerhalb des Kreises, so sind die zwei Rechtecke, die man aus den Sehnenabschnitten bilden kann, gleich groß (↗ Bild 24).

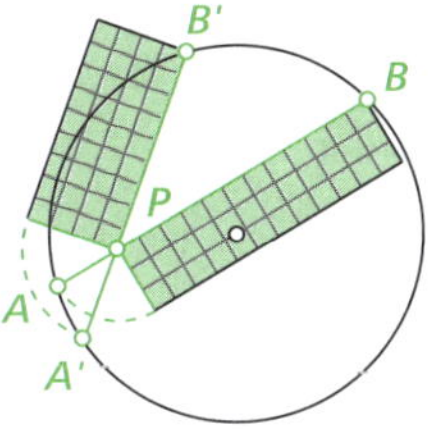

24

Sekantensatz
Schneiden sich die Sekanten AB und $A'B'$ in einem Punkt P außerhalb des Kreises, so sind die zwei aus den Sekantenabschnitten gebildeten Rechtecke gleich groß (↗ Bild 25).

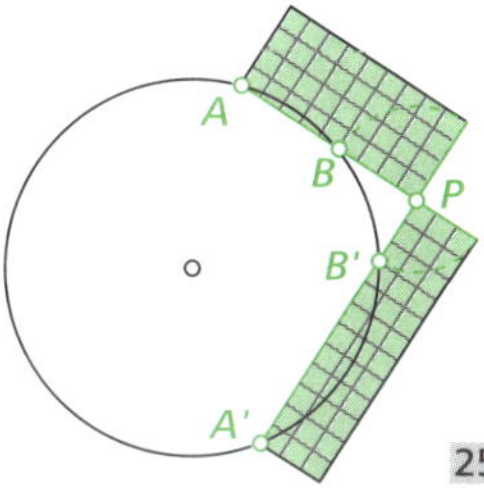

25

Tangentensatz
Schneiden sich die Tangente an T und die Sekante AB in einem Punkt P, so ist das aus dem Tangentenabschnitt gebildete Quadrat so groß wie das aus den Sekantenabschnitten gebildete Rechteck (↗ Bild 26).

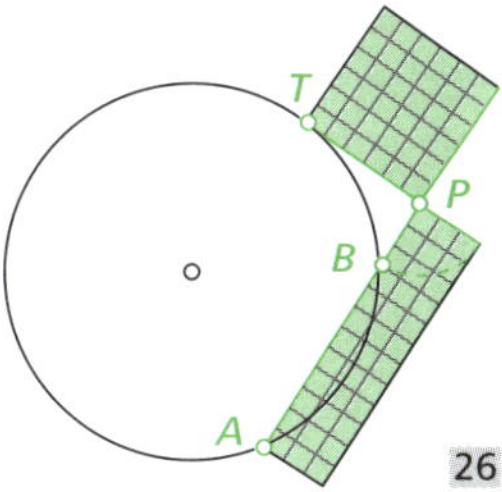

26

8

Wir begründen den Sehnensatz:
Zuerst zeigen wir, dass die Sehnenabschnitte *ähnliche Dreiecke* bestimmen (↗ Bild 27):
$\triangle AA'P$ und $\triangle BB'P$ stimmen in den Winkeln überein, weil zwei Winkel Scheitelwinkel sind (β und β') und zwei Winkel Umfangswinkel über demselben Bogen (φ und φ' sind Umfangswinkel über der Sehne $\overline{AB'}$).

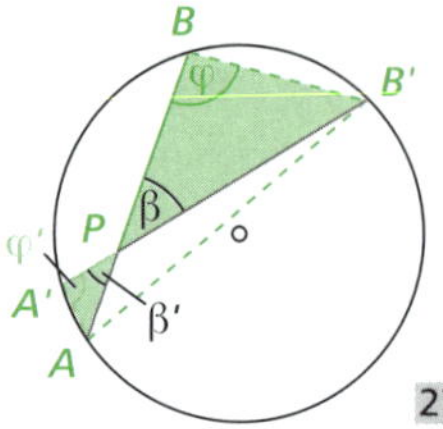

27

Wegen der Ähnlichkeit folgt:

$$\frac{|AP|}{|A'P|} = \frac{|B'P|}{|BP|} \quad \text{oder}$$

$$|AP|\,|BP| = |A'P|\,|B'P|.$$

Der Sekanten- bzw. Tangentensatz lässt sich ganz entsprechend begründen.

▶ **HINWEIS** Ein alter Bekannter, der Höhensatz (↗ S. 68) aus der Satzgruppe des Pythagoras, ist Spezialfall des Sehnensatzes (↗ Bild 28).

Dazu wird das rechtwinklige Dreieck um die Höhe und den Thaleskreis ergänzt. Die Hypotenusen- und Höhenabschnitte und bilden die Sehnenabschnitte, also ist $h^2 = p \cdot q$.

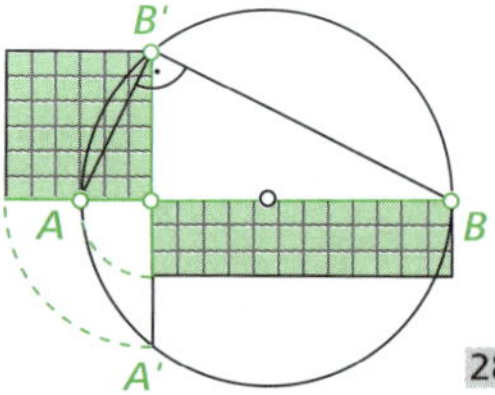

28

8.10 Sehnen- und Tangentenviereck

Beim ***Sehnenviereck*** sind die Seiten Sehnen eines Kreises; Sehnenvierecke sind Vierecke *mit Umkreis*.

Im Sehnenviereck beträgt die Summe gegenüberliegender Winkel 180°.

Denn: Es ist (↗ S. 92 u.):

$\varphi_1 = \frac{1}{2}\alpha_1$ und $\varphi_3 = \frac{1}{2}\alpha_3$; also

$\varphi_1 + \varphi_3 = \frac{1}{2}(\alpha_1 + \alpha_3) = 180°$.

Entsprechendes gilt für φ_2, φ_4 (↗ Bild 29).

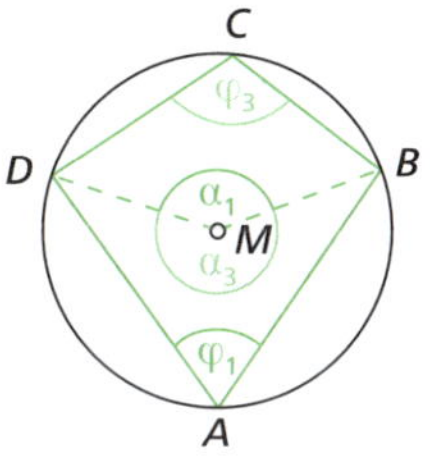

29

Beim ***Tangentenviereck*** sind die Seiten Tangenten eines Kreises; Tangentenvierecke sind Vierecke *mit Inkreis*.

Im Tangentenviereck ist die Summe zweier Gegenseiten so groß wie die der beiden anderen.

8

Denn: Vorüberlegung: Der Mittelpunkt *M* hat zu $\overline{AB}$ und zu $\overline{AD}$ denselben Abstand (nämlich den Radius). $\overline{AM}$ ist daher Winkelhalbierende und Symmetrieachse des Winkels ∢ *DAB* (↗ S. 60). Also sind die beiden Tangentenabschnitte von *A* an den Kreis (im ↗ Bild 30 hellgrün) gleich lang. Entsprechendes gilt für die Tangentenabschnitte von den Eckpunkten *B*, *C* und *D* an den Kreis.

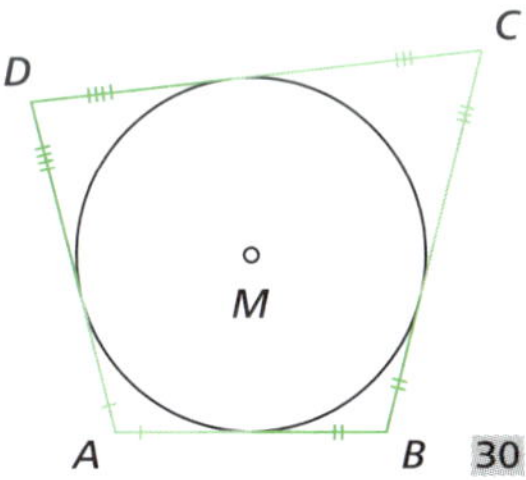

30

Im Bild 30 kann man nun abzählen, dass je zwei Gegenseiten zusammen gleich lange Tangensabschnitte haben.

Lern-Check: Teste dein Wissen!

Kapitel „Kreise“	O. K. ✓	Das muss ich noch mal lesen
Ich kann die charakteristische Kreiseigenschaft nennen, Kreise zeichnen und sie in Kurzschreibweise angeben.		S. 86, 87
Ich kann Geraden im Hinblick auf ihre Beziehung zu einem Kreis unterscheiden, benennen und durch Eigenschaften charakterisieren.		S. 88–91
Ich kann Arten von Kreisteilen unterscheiden und Beispiele skizzieren.		S. 88, 89
Ich kann die Symmetrien des Kreises angeben und beschreiben.		S. 89
Ich kann in Wort und Bild erläutern, was Mittelpunktswinkel und Umfangswinkel sind.		S. 91, 92
Ich kann den Zusammenhang von Umfangswinkel und Mittelpunktswinkel über derselben Sehne beschreiben und ihn begründen.		S. 92, 93
Ich kann den Umfangswinkelsatz angeben und ihn anhand eines Beispiels erläutern und begründen.		S. 93
Ich kann den Thalessatz angeben und ihn anhand eines Beispiels erläutern und begründen.		S. 93
Ich kann erläutern, was ein Sehnentangentenwinkel ist und den Zusammenhang zum zugehörigen Mittelpunkts- und Umfangswinkel darstellen.		S. 94
Ich kann den Sehnen-, den Sekanten- und den Tangentensatz angeben und kann diese Sätze begründen.		S. 95, 96
Ich kann Sehnen- und Tangentenvierecke zeichnen und je eine Eigenschaft nennen und beweisen.		S. 97

Längen- und Flächenmessung

Welche Strecke ist länger – die von Aachen nach Köln oder jene von Aachen nach Düsseldorf? Die Aachener wissen es: Die eine misst 75 km, die andere 85 km. Jeder kann nachmessen. Die Längeneinheit wird so oft abgetragen, bis man am Ziel angelangt ist. Bis Köln ist sie 75-mal abzutragen, bis Düsseldorf 85-mal.

Messen heißt vergleichen! Das ist bei der Flächenmessung nicht anders. Flächen lassen sich parkettieren. Gelingt die Parkettierung, so ist die Flächenmessung erledigt. Probleme ergeben sich spätestens bei dem Versuch, nicht geradlinig begrenzte Flächen auszulegen. Fliesenleger und Handwerker haben damit kaum Probleme; sie legen aus, so gut es geht. Mathematiker zielen nicht nur auf die Bewältigung praktischer Alltagsprobleme ab, sie wollen auch hier absolute Präzision. Sie haben dafür eigene Werkzeuge und Methoden geschaffen.

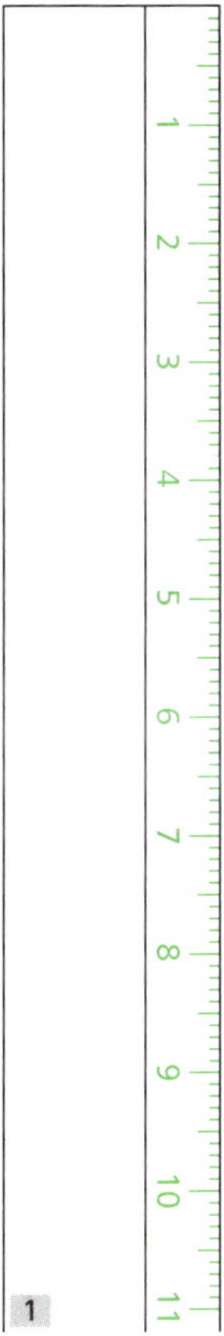

1

9.1 Längeneinheiten

Längeneinheit ist das *Meter* (Maßeinheit m). Ursprünglich wurde es als der 40 000 000. Teil des Erdumfangs festgelegt.

▶ **HINWEIS** Dieses Verfahren ist auch in der Algebra von Bedeutung. Es hilft beispielsweise, den größten gemeinsamen Teiler zweier Zahlen a, b zu finden und hat dort den ehrfurchtgebietenden Namen ***euklidischer Algorithmus***.

Inkommensurable Strecken

Es gibt Strecken, bei denen das oben beschriebene Verfahren *nicht* funktioniert. Man nennt sie ***inkommensurabel***. – z. B. die Seite a und die Diagonale d eines Quadrates. Wechselseitiges Abtragen führt – gleichgültig wie oft es durchgeführt wird – nie auf die Reststrecke 0.

Man kann ein Quadrat zeichnen und messen. Wählt man beispielsweise die Seite $a = 3\,\text{cm}$, so wird man für die Diagonale $d = 4{,}2\,\text{cm}$ erhalten. Ein gemeinsames Maß wäre demnach $g = 0{,}1\,\text{cm} = 1\,\text{mm}$.
Doch dies scheint nur so. Untersuchen wir genauer!

1. Der Viertelkreis um C trägt die Seite a auf der Diagonalen d ab. Man erhält die Reststrecke r_1 (↗ Bild 6).
   Das Lot im Endpunkt von r_1 bestimmt das Quadrat $AB_1\,C_1\,D_1$ mit der Seite $a_1 = a - r_1$ und der Diagonale $d_1 = 2\,r_1$ (↗ Bild 7).

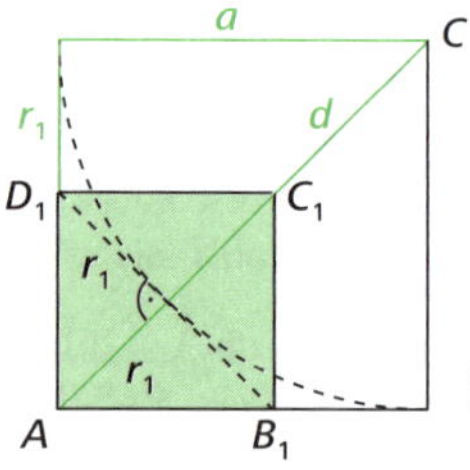

6

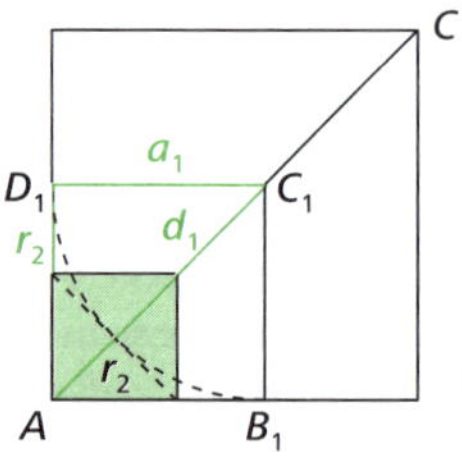

7

2. Sind a und d *kommensurabel*, so müssen es auch a_1 und d_1 sein. Man trägt die Seite auf der Diagonalen ab und erhält a_2 und d_2 (↗ Bild 8).

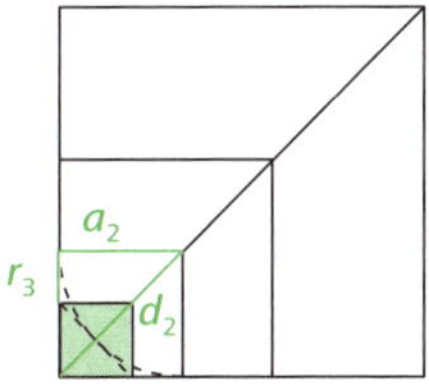

8

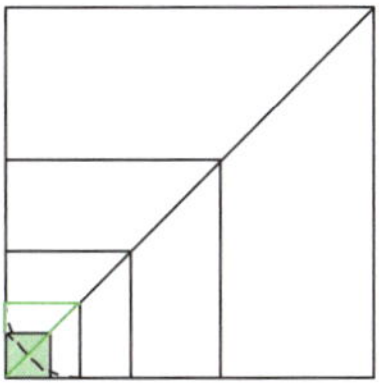
9

3. Sind a und d *kommensurabel*, so auch a_1 und d_1, so auch a_2 und d_2. Erneutes Abtragen führt auf a_3 und d_3 (↗ Bild 9).
4. Dieses Verfahren lässt sich fortsetzen – endlos. Und obwohl von Schritt zu Schritt die Quadrate kleiner und kleiner werden, ändert sich an der Ausgangssituation im Prinzip nichts: Seite und Diagonale haben kein gemeinsames Maß; sie sind *inkommensurabel.*

9.3 Längen rechnerisch bestimmen

Längen kann man nicht nur durch Messen bestimmen; oft lassen sie sich aus anderen Größen erschließen – so z. B. die Seitenlängen regelmäßiger Vielecke, die in einen Kreis mit gegebenem Radius r hineinpassen. 9

Regelmäßiges 4-Eck

1. Man zeichnet zwei zueinander senkrechte Durchmesser (↗ Bild 10).
2. Nach Pythagoras gilt:
$s_4^2 = r^2 + r^2 \Rightarrow s_4 = r\sqrt{2}$.

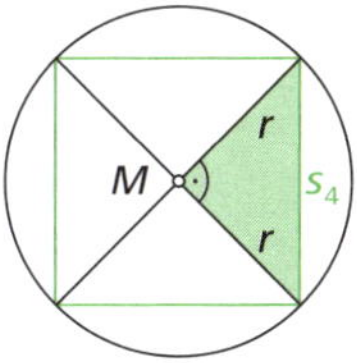

10

Regelmäßiges 6-Eck

1. Man trägt auf dem Kreis den Radius 6-mal ab (↗ Bild 11).
2. Es entstehen 6 gleichseitige Dreiecke. Deshalb ist $s_6 = r$.

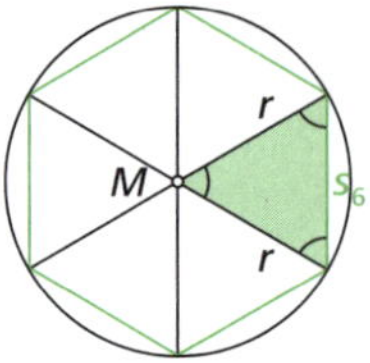

11

Vom n-Eck zum $2n$-Eck

Durch Seiten- bzw. Winkelhalbierung erhält man aus einem regelmäßigen n-Eck ein $2\,n$-Eck. Die Seite s_{2n} bestimmt sich nach Pythagoras aus der Seite s_n (↗ Bild 12):

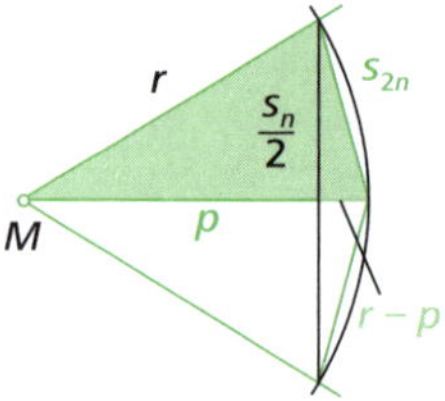

12

$$p^2 = r^2 - \frac{1}{4}\,s_n^2 \qquad \text{und} \qquad (r-p)^2 = s_{2n}^2 - \frac{1}{4}\,s_n^2.$$

Das bedeutet:

$$p = \sqrt{r^2 - \frac{1}{4}\,s_n^2} \qquad \text{und} \qquad r^2 - 2pr + p^2 = s_{2n}^2 - \frac{1}{4}\,s_n^2.$$

Wird p in der 2. Gleichung durch den Wurzelterm ersetzt, so erhält man:

$$r^2 - 2r\sqrt{r^2 - \frac{1}{4}\,s_n^2} + r^2 - \frac{1}{4}\,s_n^2 = s_{2n}^2 - \frac{1}{4}\,s_n^2$$

und damit

$$s_{2n} = \sqrt{2\,r^2 - r\sqrt{4\,r^2 - s_n^2}}.$$

9.4 Kreisumfang und Kreiszahl π

Es gibt keine langen und kurzen, keine dicken und dünnen Kreise. Es gibt nur *eine* Sorte Kreis! Verschiedene Kreise sind Vergrößerungen oder Verkleinerungen voneinander. Das Verhältnis von Umfang U und Durchmesser d ist für alle Kreise gleich. Dieses Verhältnis heißt ***Kreiszahl*** π (sprich: „Pi“).

> Alle Kreise sind *einander ähnlich*:
> $\frac{U}{d} = \pi$ bzw. $U = 2\,r \cdot \pi$.

Kreiszahl π – für Praktiker

Praktiker haben mit π kein großes Problem. Sie suchen sich kreisförmige Gegenstände, messen Umfang und Durchmesser und stellen fest:

$$\frac{U}{d} \approx 3{,}14.$$

Kreiszahl π – für Mathematiker

Mathematiker tun sich wieder einmal schwerer! Sie pirschen sich über regelmäßige Vielecke an den Kreis heran, denn je größer die Eckenzahl, desto weniger unterscheiden sich Vieleck und Kreis – die Bilder 13, 14, 15 und 16 auf der folgenden Seite zeigen es! Die begleitende Rechnung führt zur Kreiszahl π.

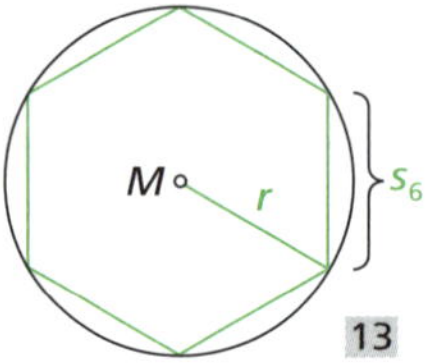

13

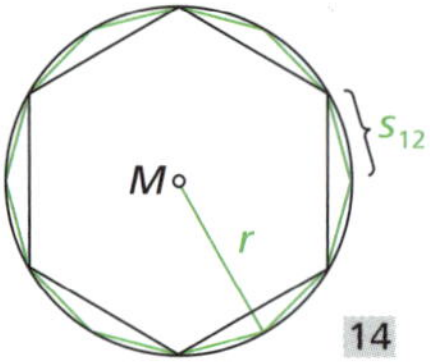

14

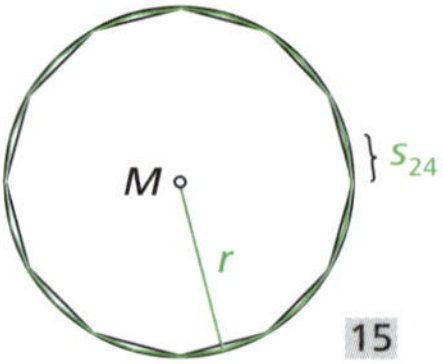

15

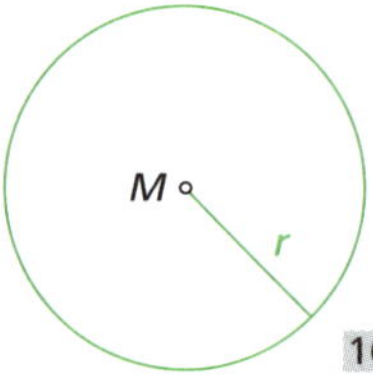

16

1. Für ein regelmäßiges 6-Eck ist: $s_6 = r$ (↗ S. 104).
2. Für das regelmäßige 12-Eck ist (↗ S. 104, „Vom n-Eck zum $2n$-Eck"): $s_{12} = r\sqrt{2-\sqrt{3}}$.
3. Und weiter vom n-Eck zum $2n$-Eck:

$$s_{24} = r\sqrt{2-\sqrt{2+\sqrt{3}}}$$

$$s_{48} = r\sqrt{2-\sqrt{2+\sqrt{2+\sqrt{3}}}}$$

$$s_{96} = r\sqrt{2-\sqrt{2+\sqrt{2+\sqrt{2+\sqrt{3}}}}} \quad \text{usw.}$$

Man erhält:

n	s_n	$\pi = \frac{U_n}{d} = \frac{n \cdot s_n}{2r}$
6	r	3
12	$0{,}5176\,r$	3,1058
24	$0{,}2611\,r$	3,1326
48	$0{,}1308\,r$	3,1394
96	$0{,}0654\,r$	3,1410
192	$0{,}0327\,r$	3,1415
…	…	…

9.5 Kreisbögen

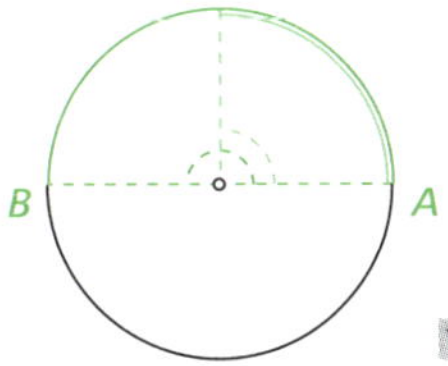

17

Kreisbögen sind Teile der kompletten Kreislinie. Der Halbkreis misst die Hälfte, der Viertelkreis misst ein Viertel des Kreisumfangs (↗ Bild 17).

Ein ***Kreisbogen*** wird durch den Kreisradius und den Mittelpunktswinkel α bestimmt: je größer α, desto länger der zugehörige Bogen $\overset{\frown}{AB}$. Bogenlänge $\overset{\frown}{AB}$ und Kreisumfang U stehen zueinander im gleichen Verhältnis wie Mittelpunktswinkel α und Vollwinkel (↗ Bild 18):

$\frac{\overset{\frown}{AB}}{U} = \frac{\alpha}{360°}$ bzw. $\overset{\frown}{AB} = 2\pi r \frac{\alpha}{360°}$.

Oder im Bogenmaß (↗ S. 20 f.):

$\overset{\frown}{AB} = 2\pi \cdot r \cdot \frac{\alpha_b \pi}{2}$ bzw.

$\overset{\frown}{AB} = r \cdot \alpha_b$.

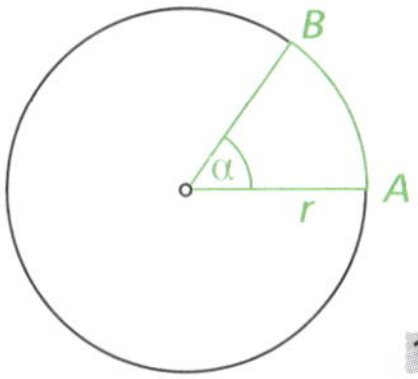

18

9.6 Flächeneinheiten

Flächenmessung bedeutet Flächenvergleich. Als Vergleichsflächen verwendet man die gängigen ***Flächeneinheiten***. Der Flächeninhalt gibt an, wie viel Flächeneinheiten zum Ausfüllen einer Fläche benötigt werden. Als Flächeneinheit wird üblicherweise ein Quadrat der Seitenlänge 1 gewählt. Die Flächeneinheit ist damit an die Längeneinheit gekoppelt. Für Flächen unterschied-

19

9

licher Größenordnungen verwendet man unterschiedliche Flächeneinheiten:

1 Quadratmillimeter	$= 1\,\text{mm}^2$	$= \frac{1}{100}\,\text{cm}^2$	
1 Quadratzentimeter	$= 1\,\text{cm}^2$	$= 100\,\text{mm}^2$	$= \frac{1}{100}\,\text{dm}^2$
1 Quadratdezimeter	$= 1\,\text{dm}^2$	$= 100\,\text{cm}^2$	$= \frac{1}{100}\,\text{m}^2$
1 Quadratmeter	$= 1\,\text{m}^2$	$= 100\,\text{dm}^2$	$= \frac{1}{1\,000\,000}\,\text{km}^2$
1 Quadratkilometer	$= 1\,\text{km}^2$	$= 1\,000\,000\,\text{m}^2$	

Bei Grundstücken und Landgütern verwendet man auch

1 Ar	$= 1\,\text{a}$	$= 100\,\text{m}^2$		$= (10\,\text{m})^2$
1 Hektar	$= 1\,\text{ha}$	$= 100\,\text{a}$	$= 10\,000\,\text{m}^2$	$= (100\,\text{m})^2$

BEISPIEL

„Dumme Fragen“: $98\,765{,}432\,1\,\text{dm}^2$

- Wie viel Quadratzentimeter sind das?
  $1\,\text{dm}^2 = 100\,\text{cm}^2$, deshalb
  $98\,765{,}432\,1\,\text{dm}^2 = 98\,765{,}432\,1 \cdot (100\,\text{cm}^2)$
  $= 9\,876\,543{,}21\,\text{cm}^2$
- Wie viel Quadratmeter sind das?
  $1\,\text{dm}^2 = \frac{1}{100}\,\text{m}^2$, deshalb
  $98\,765{,}432\,1\,\text{dm}^2 = 98\,765{,}432\,1 \cdot \left(\frac{1}{100}\,\text{m}^2\right) = 987{,}654\,321\,\text{m}^2$

9.7 Prinzipien der Flächenmessung

Der ***Flächeninhalt*** ist eine Zahl. Diese Flächenmaßzahl gibt an, mit wie viel Einheitsflächen die zu messende Fläche *lückenlos* und *überlappungsfrei* ausgefüllt wird (↗ Bild 20).

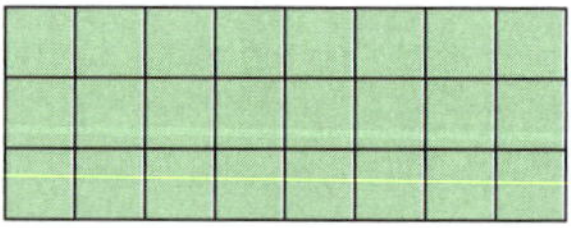

$A = 24$

20

- Zwei Flächen sind *inhaltsgleich*, wenn sie sich in *paarweise gleiche* Teilflächen zerlegen lassen.

  Verschiedene Flächen, aber gleiche Teile – das heißt gleicher Inhalt (↗ Bild 21): $A_1 = A_2$!

21

- Zwei Flächen sind *inhaltsgleich*, wenn sie sich durch gleiche Teilflächen zu inhaltsgleichen Flächen *ergänzen* lassen.

  Gleicher Inhalt, weil Gleiches hinzugefügt wurde – da konnte der Inhalt zuvor nicht verschieden sein (↗ Bild 22): $A_1 = A_2$!

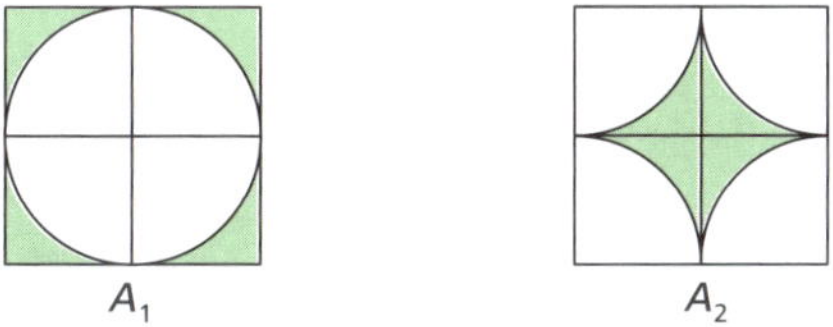

22

- Ist eine Fläche aus zwei sich nicht überlappenden Flächen zusammengesetzt, so ist ihr *Flächeninhalt* gleich der *Summe* der *Teilflächeninhalte*: $A_U = A_L + A_I$.

  Dieses Prinzip (↗ Bild 23) garantiert „Selbstverständliches“: doppelte Fläche – doppelter Inhalt; halbe Fläche – halber Inhalt …

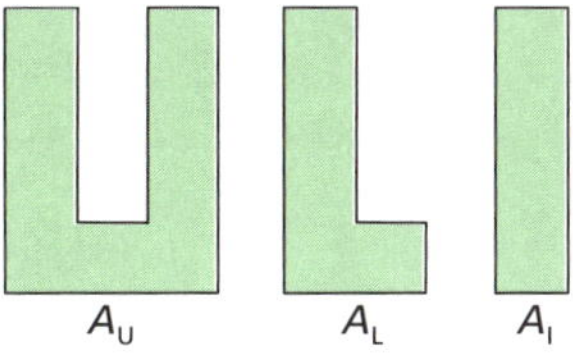

23

9.8 Flächeninhalt von Rechteck und Quadrat

- Ein Rechteck mit ganzzahligen Seitenlängen lässt sich vollständig mit Einheitsquadraten auslegen. Die Anzahl der Einheitsquadrate gibt den Flächeninhalt an (↗ Bild 24).

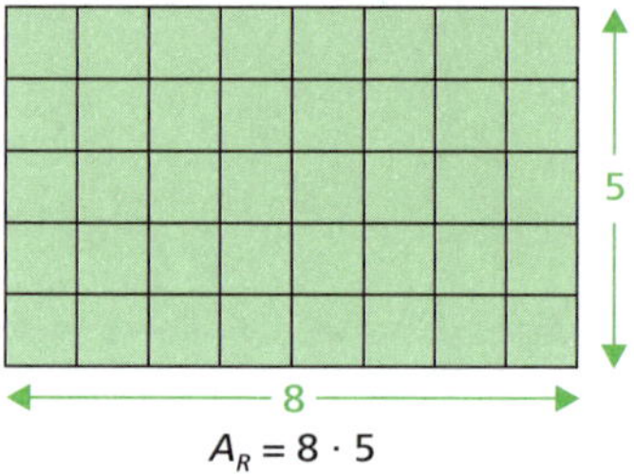

24

Der Flächeninhalt A_R eines Rechtecks bestimmt sich durch das Produkt der beiden Seitenlängen a und b:
$A_R = a \cdot b$.

- Quadrate sind Rechtecke gleicher Seitenlänge (↗ Bild 25); das heißt:

Der Flächeninhalt A_Q eines Quadrats der Seitenlänge a ist $A_Q = a^2$.

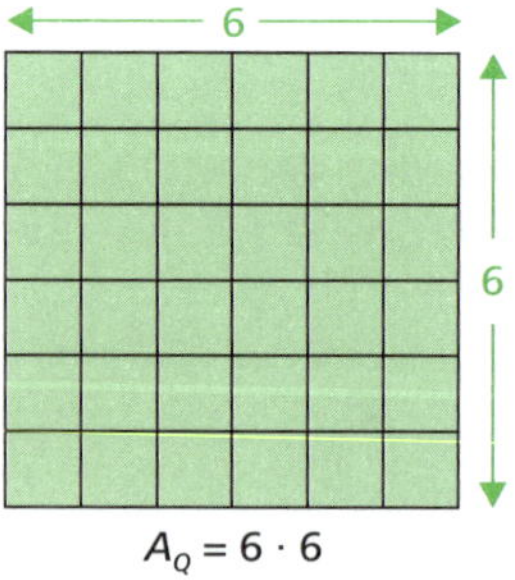

25

- Auch wenn die Seitenlängen nicht ganzzahlig sind, bestimmt sich der Flächeninhalt zu $A_R = a \cdot b$ bzw. $A_Q = a^2$.
  Man zerlegt nämlich das Rechteck bzw. Quadrat in Teile des Einheitsquadrats, und – sollten sie es noch immer nicht ausfüllen – in noch kleinere Teilquadrate (↗ Bild 26) …

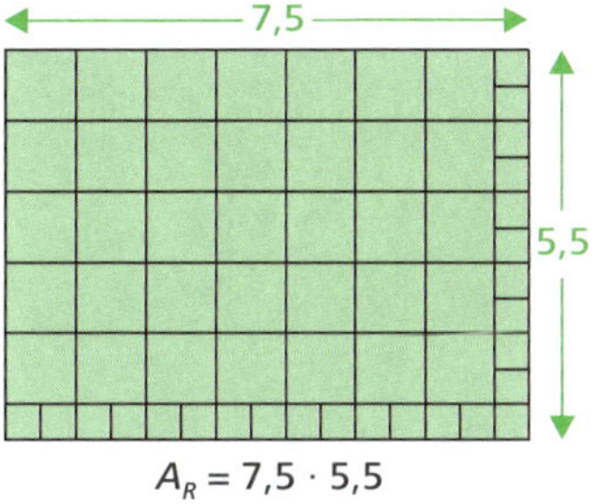

26

9.9 Flächeninhalt von Parallelogramm und Trapez

Schneidet man ein Parallelogramm (senkrecht zu einer Seite) in zwei Teile, so lassen sich die beiden Teilflächen zu einem Rechteck zusammenfügen (↗ Bilder 27 und 28).

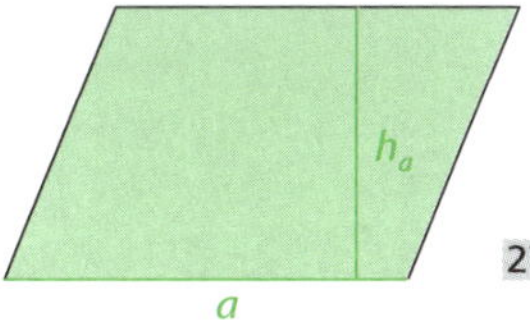

27

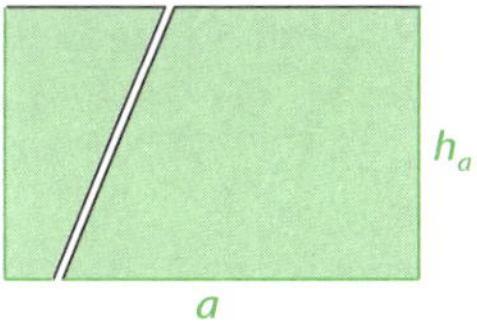

28

Das bedeutet:

> **Ein Parallelogramm ist inhaltsgleich zu einem Rechteck, das gebildet wird aus einer Parallelogrammseite a und zugehöriger Höhe h_a. Für die Parallelogrammfläche gilt deshalb:**
> **$A_P = a \cdot h_a$.**

Zwei gleiche Trapeze lassen sich zu einem Parallelogramm zusammenfügen. Ein Parallelogramm ist flächengleich zu einem Rechteck (↗ Bilder 29 und 30).

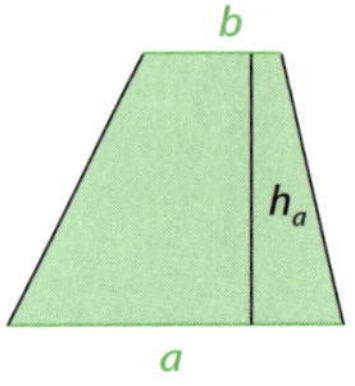

29

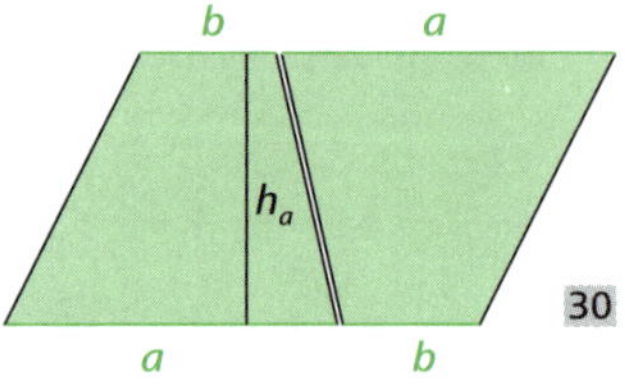

30

Das bedeutet:

> **Ein Trapez hat einen halb so großen Inhalt wie ein Rechteck, das gebildet wird aus den parallelen Trapezseiten und der Trapezhöhe. Für die Trapezfläche gilt deshalb:**
> $A_T = \frac{1}{2}(a + b) \cdot h.$

9.10 Flächeninhalt vom Dreieck

Zerschneidet man ein Dreieck längs einer Höhe, so entstehen zwei Rechteckshälften (↗ Bild 31).

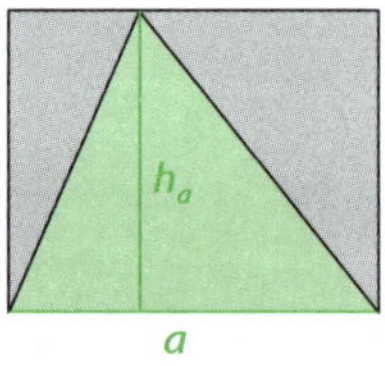

31

Das bedeutet:

> **Ein Dreieck ist inhaltsgleich mit der Hälfte eines Rechtecks, das gebildet wird aus einer Dreiecksseite und der zugehörigen Höhe. Also ist der Flächeninhalt eines Dreiecks:**
> $A_D = \frac{1}{2} a \cdot h_a$ bzw. $A_D = \frac{1}{2} b \cdot h_b$ bzw. $A_D = \frac{1}{2} c \cdot h_c.$

9.11 Flächeninhalt von Vielecken

Für Flächeninhalte *beliebiger* Vierecke und Vielecke stehen keine leicht handhabbaren Formeln zur Verfügung. Aber es gibt kräftige Methoden, ihre Inhalte zahlenmäßig zu fassen. Dies gelingt über einen Umweg: Komplexes wird auf Einfaches zurückgeführt!

Jedes Vieleck lässt sich vollständig in Dreiecke zerlegen. Zerlegt man ein Vieleck in Dreiecke, dann ist sein Flächeninhalt gleich der Summe dieser Dreiecksinhalte:
$A_V = A_1 + A_2 + A_3 + \ldots + A_n$.

Vielecke lassen sich auf sehr unterschiedliche Weise zerlegen (↗ Bilder 32 und 33). Es ist eine Frage der Zweckmäßigkeit, welche Zerlegung man wählt. Die Berechnung der Flächeninhalte gelingt nur, wenn zuvor die notwendigen Dreiecksgrößen ermittelt werden. Statt eines Problems nun also ein anderes – man bekommt nichts geschenkt.

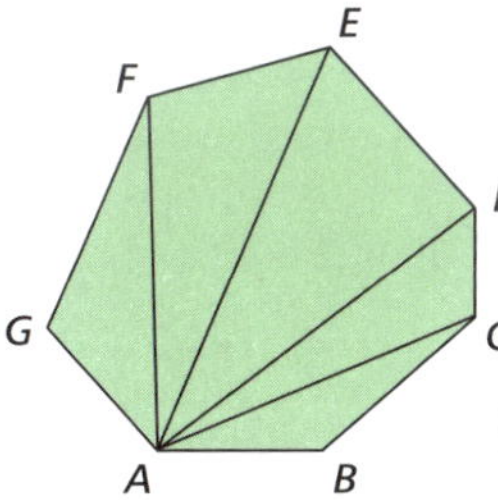

32

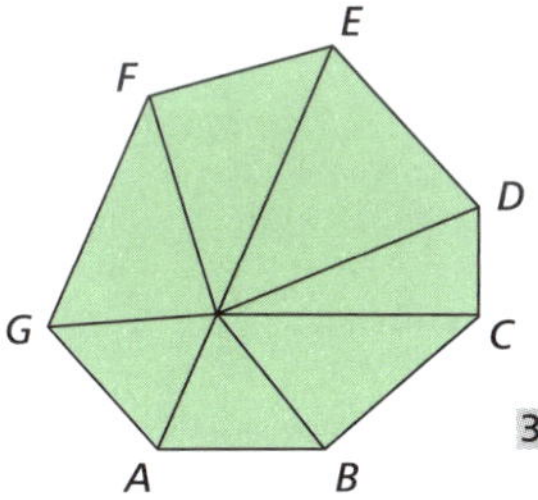

33

9.12 Flächeninhalt vom Kreis

Kreise haben eine Vielzahl besonderer Eigenschaften – eine davon betrifft den Flächeninhalt. Anders als bei Vielecken hängen beim Kreis Flächeninhalt und Umfang sehr eng miteinander zusammen: großer Umfang – großer Flächeninhalt, kleiner Umfang – kleiner Flächeninhalt.

Und so wird der Flächeninhalt eines Kreises ermittelt:

1. Die Kreisfläche wird zerschnitten – ähnlich wie eine Torte; dann werden die Teile neu aneinandergefügt (↗ Bild 34).
2. Man schneidet feiner und legt neu zusammen (↗ Bild 35).
3. Noch feiner und noch feiner …
4. Man erkennt: Je feiner die Zerteilung, desto genauer füllen die Kreisteile ein Rechteck aus.

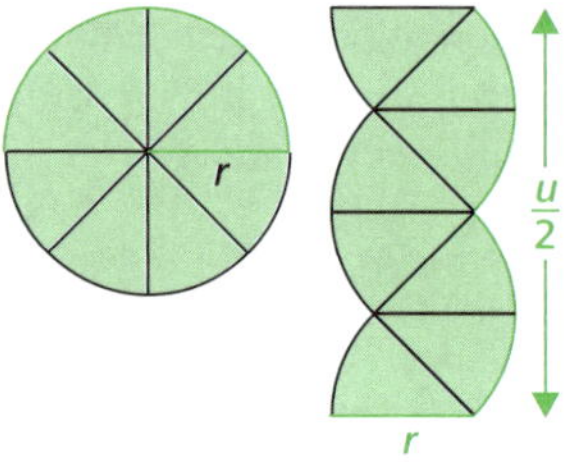

34

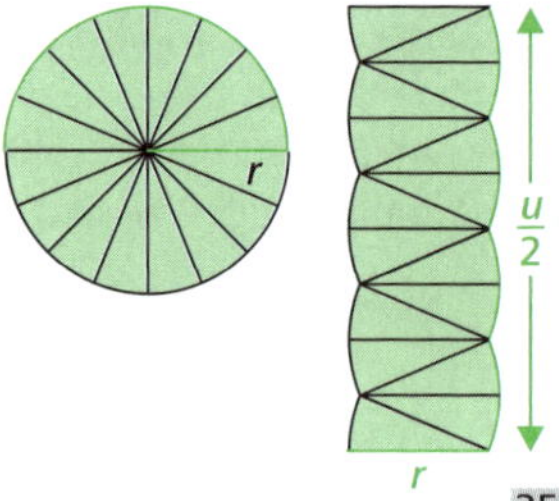

35

Das heißt:

> Die ***Kreisfläche*** ist inhaltsgleich zu einem Rechteck, das gebildet wird aus Kreisradius und halbem Kreisumfang:
> $A_K = \frac{1}{2} U \cdot r$
> oder wegen $U = 2\,r \cdot \pi$ (↗ S. 105)
> $A_K = r^2 \cdot \pi$.

9.13 Flächeninhalt von Kreisteilen

Kreissektor (Kreisausschnitt)

Der ***Kreissektor*** ist inhaltsgleich zu einem Rechteck, das gebildet wird aus dem Kreisradius *r* und dem halben Sektorbogen *b*:

$A_{SK} = \frac{1}{2} b\, r.$

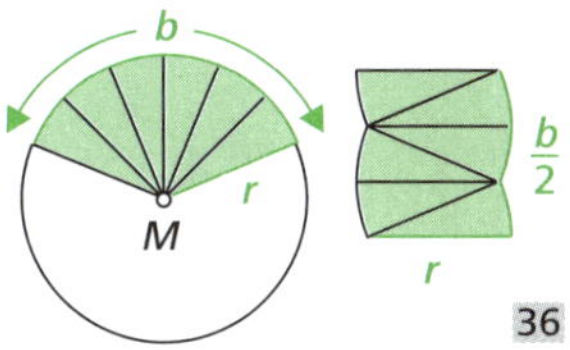

36

Die Bogenlänge ist im Gradmaß $b = \frac{\alpha}{360°} U$

und im Bogenmaß $b = \frac{\alpha_b}{2\pi} \cdot U.$

Das bedeutet:

$A_{SK} = r^2 \pi \frac{\alpha}{360°}$ bzw. $A_{SK} = \frac{1}{2} r^2 \alpha_b.$

Denn: Wie der Kreis, so lässt sich auch der Kreissektor in feine und immer feinere Sektoren zerlegen. Neu zusammengefügt füllen sie ein Rechteck aus (↗ Bild 36).

Kreissegment (Kreisabschnitt)

Ein Kreissektor lässt sich in ein ***Kreissegment*** und ein Dreieck zerlegen (↗ Bild 37).
Der Flächeninhalt des Segments ist deshalb:

$A_{SG} = r^2 \pi \frac{\alpha}{360°} - \frac{1}{2} s\, h$

bzw. im Bogenmaß:

$A_{SG} = \frac{1}{2} r^2 \alpha_b - \frac{1}{2} s\, h.$

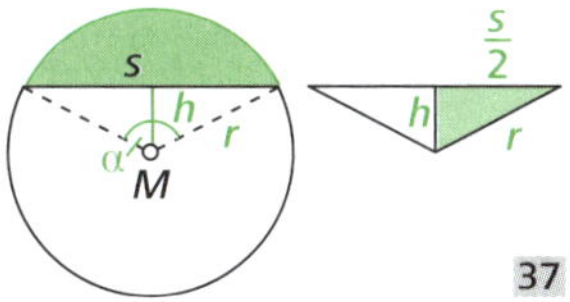

37

Lern-Check: Teste dein Wissen!

Kapitel „Längen- und Flächenmessung"	O.K. ✓	Das muss ich noch mal lesen
Ich kann die ursprüngliche Längeneinheit benennen und erläutern, wie sie festgelegt wurde.		S. 99
Ich kann die abgeleiteten Längeneinheiten nennen und die verschiedenen Einheiten ineinander umrechnen.		S. 100
Ich kann erklären, wann Strecken *kommensurabel* bzw. *inkommensurabel* heißen, und Beispiele nennen.		S. 101–103
Ich kann in besonderen Fällen Streckenlängen auch durch Berechnung ermitteln.		S. 103, 104
Ich kann die Bedeutung der Zahl π erklären, einen Näherungswert angeben und sie näherungsweise berechnen.		S. 105, 106
Ich kann die Länge von Kreisbögen berechnen.		S. 107
Ich kann die gängigen Flächeneinheiten angeben und sie ineinander umrechnen.		S. 108
Ich kann grundlegende Prinzipien der Flächenmessung erläutern.		S. 108, 109
Ich kann den Flächeninhalt von Quadraten, Rechtecken, Parallelogrammen und Trapezen berechnen.		S. 110–112
Ich kann den Flächeninhalt von Dreiecken berechnen.		S. 112
Ich kann erläutern, wie man den Flächeninhalt eines beliebigen 4-Ecks, 5-Ecks, …, *n*-Ecks berechnen kann.		S. 113
Ich kann den Flächeninhalt eines Kreises berechnen; ich kann auch den Flächeninhalt gewisser Kreisteile berechnen.		S. 114, 115

Bilder von Körpern

Bilder sind ausdrucksstark und einprägsam:
Bilder veranschaulichen.
Bilder vergegenwärtigen.
Bilder erklären!

Für Architekten und Konstrukteure, für Städteplaner und Designer, für sie wie für viele andere erfüllen Bilder ganz bestimmte Zwecke. Gefragt sind zwei Eigenschaften:

- Bilder sollen anschaulich sein.
- Bilder sollen maßgetreu sein.

Solche Bilder herzustellen ist nicht ganz einfach. Das Problem: 3-Dimensionales wird auf 2-Dimensionales *reduziert*; denn das Zeichenblatt hat *kein Davor* und *kein Dahinter*.

- Welchen Preis hat dieser Dimensionsverlust?
- Wie steht es um die Anschaulichkeit, wie um die Maßtreue?
- Wie lassen sich solche Bilder herstellen?
- Wie sind solche Bilder zu lesen?

10.1 Grundriss – Aufriss – Seitenriss

Risse werden vor allem von Architekten benutzt.
Ihr Vorteil: die Maßtreue; viele Größen lassen sich direkt ablesen.
Ihr Nachteil: fehlende Anschaulichkeit; ein einziger Riss genügt nicht, um einen Körper wiederzugeben.

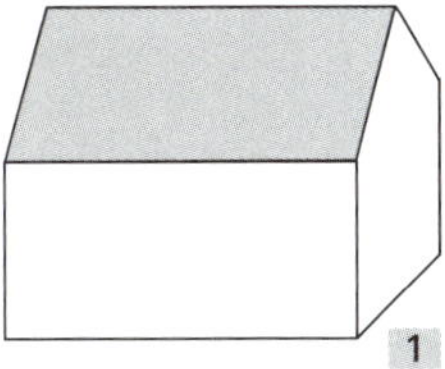

1

BEISPIEL Wir erläutern die Rissmethode am Beispiel eines Hauses (↗ Bild 1).

Grundriss

Er zeigt, wie der Gegenstand von oben aussieht. Am Beispiel des Hauses sieht man zwei Rechtecke, nämlich die beiden Dachhälften (↗ Bild 2).

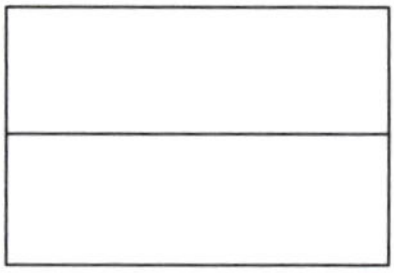

2

Aufriss

Er zeigt, wie der Gegenstand von vorne aussieht. Am Beispiel des Hauses sieht man auch hier zwei Rechtecke: die Vorderfront und eine Dachhälfte (↗ Bild 3).

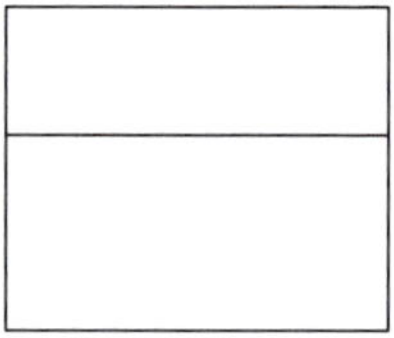

3

Seitenriss

Er zeigt, wie der Gegenstand von der Seite aussieht. Am Beispiel des Hauses ist es ein Rechteck mit angesetztem Dreieck, dem Giebel (↗ Bild 4).

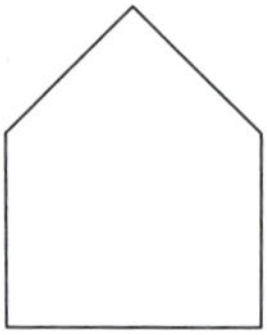

4

10.2 Schnitte

Risse geben nur die Außenansichten wieder.
Häufig genug interessiert auch das Innere; es wird sichtbar, wenn man schneidet.

Schnitt

Ein ebener *Schnitt* entsteht, wenn ein Körper durch eine Ebene geschnitten wird (↗ Bild 5).

BEISPIEL Wir erläutern dic Schnittmethode am Beispiel des abgebildeten Hauses.

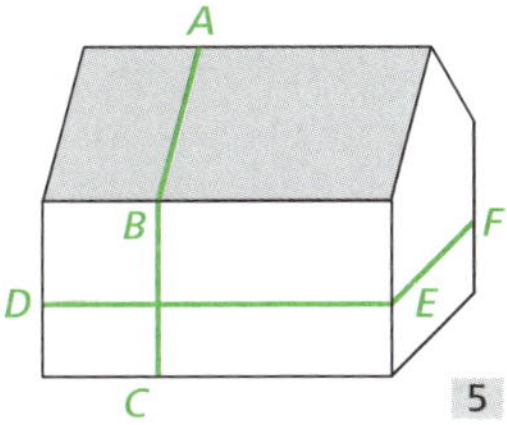

5

Senkrechtschnitt durch A, B, C

Der Umriss des Schnittes ist von gleicher Form wie der Seitenriss. Im Schnitt erkennt man jedoch zusätzlich die Innenwände (↗ Bild 6).

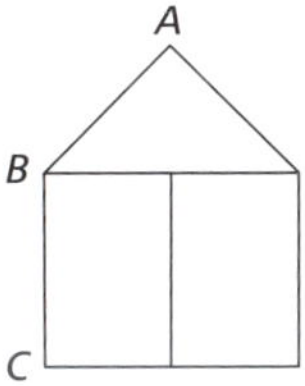

6

Waagrechtschnitt durch D, E, F

Der Umriss des Schnittes ist von gleicher Form wie der Grundriss. Im Schnitt erkennt man auch hier zusätzlich die Innenwände (↗ Bild 7).

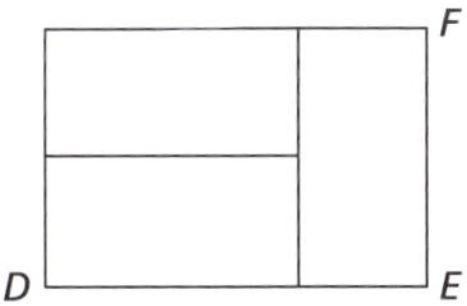

7

10

Schnitte erfüllen mehrere Funktionen:
- Sie helfen, sich Körper klarer vorzustellen.
- Sie geben Einblicke ins Innere des Körpers.
- Sie erlauben es, Größen wie Strecken, Winkel, Flächen maßgetreu abzulesen.

10.3 Netze

Netze sind besonders für die Verpackungsbranche von großem Interesse. Wie müssen die Verpackungsmaschinen eingerichtet werden, damit Tüten, Schachteln oder Kartons leicht gefaltet werden können?

Ein *Netz* eines Körpers entsteht, wenn seine Oberfläche in die Ebene ausgefaltet wird.
Ein Netz besteht aus den einzelnen, zusammenhängenden Oberflächenteilen.

BEISPIEL Wir zeigen am Beispiel „unseres" Hauses, wie man ein Netz herstellt.

1. Man schneidet beispielsweise längs der Oberkante des Dachfirsts (↗ Bild 8).
2. Man schneidet weiter längs so vieler Kanten, bis sich der Körper ausfalten lässt,
3. und erhält so das Netz (↗ Bild 9).

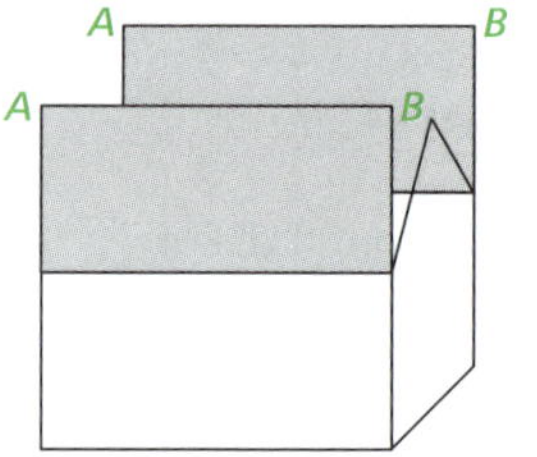

8

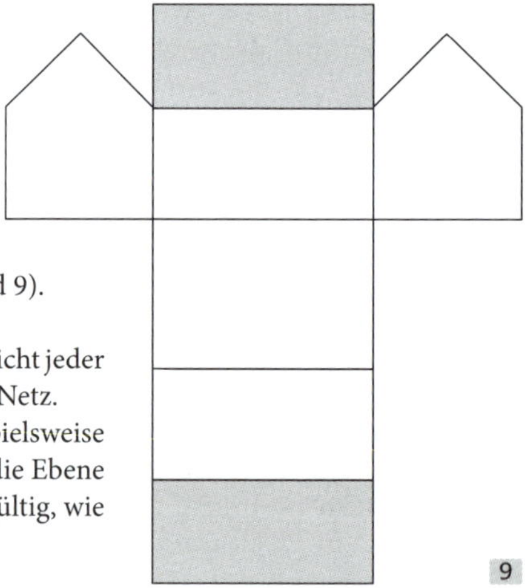
9

BEACHTE Nicht jeder Körper besitzt ein Netz. Eine Kugel beispielsweise lässt sich nicht in die Ebene ausfalten – gleichgültig, wie geschnitten wird!

10.4 Räumliche Bilder

Räumliche Bilder sind überaus anschaulich. Ihr Nachteil: sie sind nicht maßgetreu. Gewisse Größen sind verzerrt. So erzeugt man räumliche Bilder:

1. Linien senkrecht zur Blickrichtung sind maßgetreu.
2. Alle anderen Linien sind angewinkelt und verkürzt.
3. Linien in Blickrichtung – sie verlaufen nach hinten – sind in ganz bestimmter Weise angewinkelt und verkürzt. Anwinkelung und Verkürzung hängen vom Standort ab. Wir wählen 45° und den Verkürzungsfaktor 0,5.

BEISPIEL Wir zeigen am Beispiel „unseres" Hauses, wie ein räumliches Bild entsteht:

1. Zuerst das Fundament: Der Grundriss ist ein Rechteck. Die Vorderkante erscheint maßgetreu. Die Seitenkanten sind angewinkelt und verkürzt (↗ Bild 10).

10

2. Wir ziehen das Haus hoch: Die Kanten erscheinen maßgetreu. Die 1. Etage steht (↗ Bild 11).

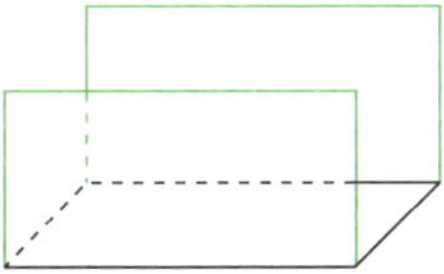

11

3. Das Dach: Der First endet über den Mitten der Seitenkanten. Sie liegen senkrecht zur Blickrichtung, erscheinen also maßgetreu (↗ Bild 12). Das Bild ist fertig!

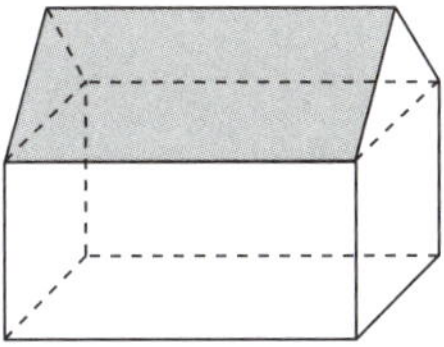

12

10.5 Bilder von Pyramiden

Die Risse

- Grundriss: ein Quadrat mit den Diagonalen (↗ Bild 13)
- Aufriss: ein gleichschenkliges Dreieck (↗ Bild 14)
- Seitenriss: ebenfalls ein gleichschenkliges Dreieck (↗ Bild 15)

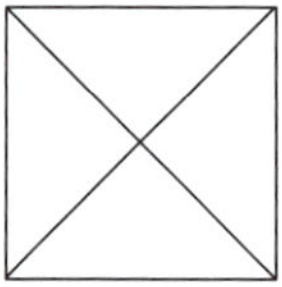

13

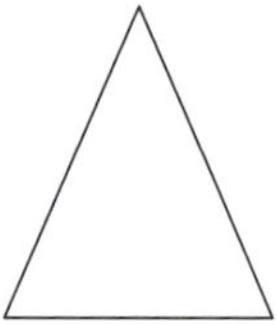

14

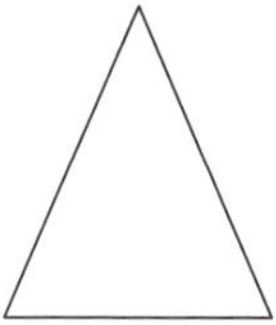

15

Schnitte

- Ein Schnitt parallel zur Grundfläche: ein Quadrat im Quadrat (↗ Bild 16).
- Ein Schnitt senkrecht zur Grundfläche längs zweier Seitenkanten: ein gleichschenkliges Dreieck. Basis ist die Diagonale der Grundfläche (↗ Bild 17).

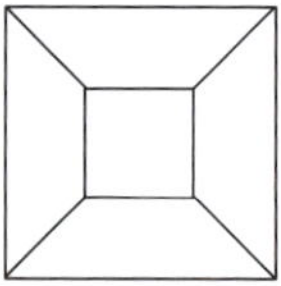

16

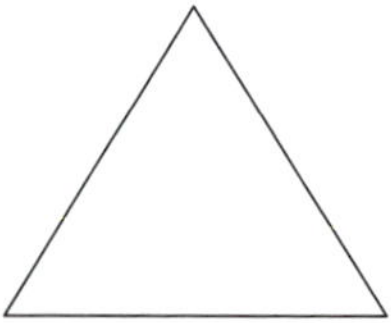

17

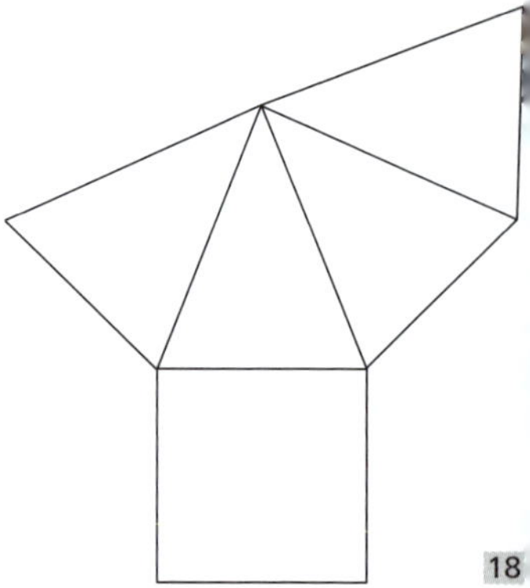

18

Das Netz

Es besteht aus einem Quadrat und vier Dreiecken (↗ Bild 18).

Räumliches Bild

Konstruktionsschritte:

1. Das Fundament: Die nach hinten laufenden Kanten sind angewinkelt und verkürzt (↗ Bild 19).
2. Die Spitze: Sie liegt senkrecht über dem Diagonalenschnittpunkt (↗ Bild 20).
3. Die Pyramide (↗ Bild 21)

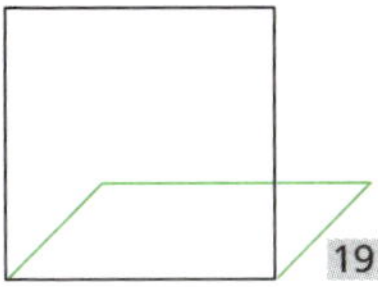

19

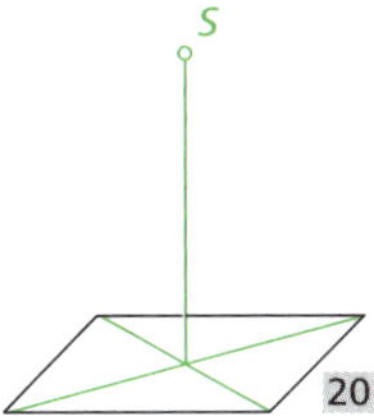

20

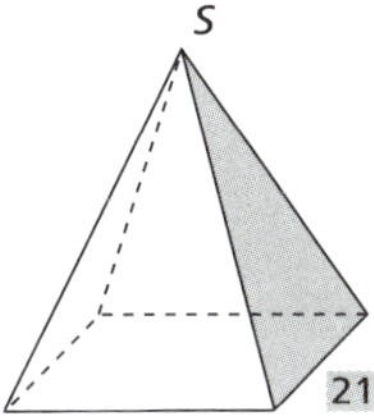

21

10.6 Bilder von Zylindern

Die Risse

- Grundriss: ein Kreis (↗ Bild 22)
- Aufriss: ein Rechteck (↗ Bild 23)
- Seitenriss: ein Rechteck – wie der Aufriss (↗ Bild 24)

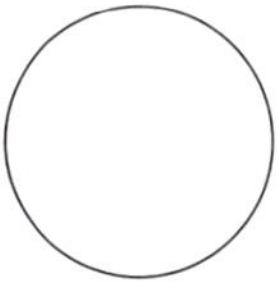

22

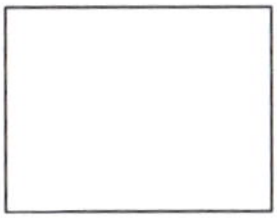

23

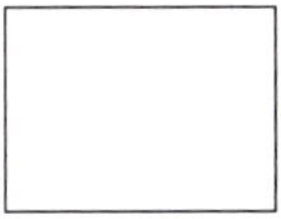

24

Schnitte

- Ein Schnitt parallel zur Grundfläche: ein Kreis – wie der Grundriss (↗ Bild 25 auf der nächsten Seite)
- Ein Schnitt senkrecht zur Grundfläche längs einer Sehne: ein Rechteck (↗ Bild 26 auf der nächsten Seite)

25

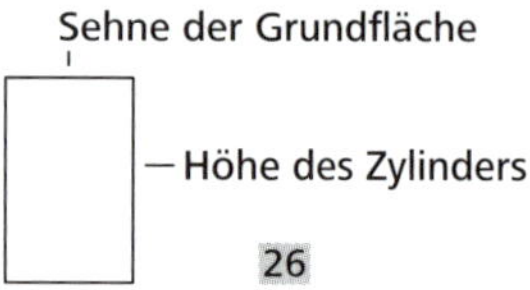

26

Das Netz

Es besteht aus einem Rechteck und zwei Kreisen (↗ Bild 27).

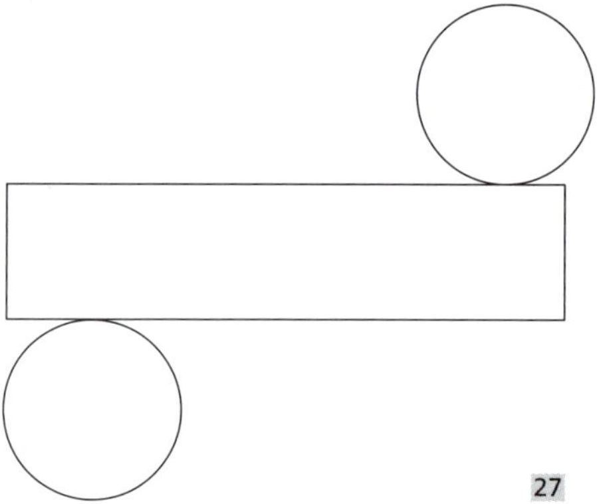
27

Räumliches Bild

Konstruktionsschritte:

1. Das Fundament: nach hinten verlaufende Strecken erscheinen angewinkelt und verkürzt (↗ Bild 28).
2. Man „baut hoch" (↗ Bild 29).
3. Der Zylinder (↗ Bild 30)

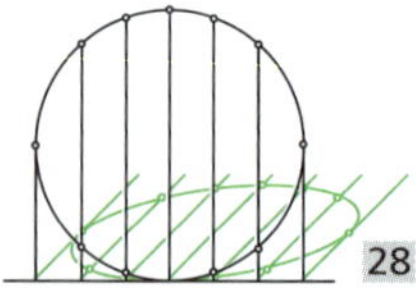
28

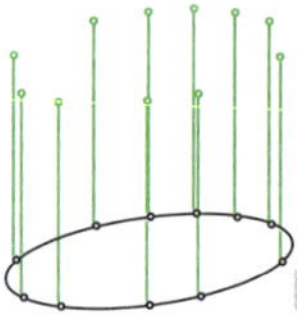
29

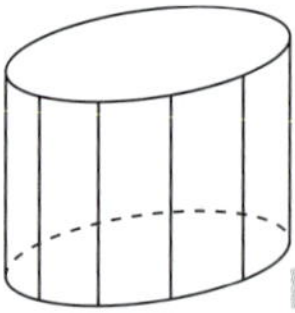
30

Lern-Check: Teste dein Wissen!

Kapitel „Bilder von Körpern“	O. K. ✔	Das muss ich noch mal lesen
Ich kann erklären, was der Grundriss, der Aufriss und der Seitenriss von einem Körper zeigt.		S. 117, 118
Ich kann die verschiedenen Risse von Körpern lesen und auch zeichnen.		S. 117, 118
Ich kann erklären, was Schnitte von Körpern darstellen.		S. 119
Ich kann Schnitte von Körpern lesen und ich kann unterschiedliche Schnitte zeichnen.		S. 119
Ich kann beschreiben, was Netze von Körpern darstellen.		S. 120
Ich kann Netze von Körpern lesen und ich kann Netze zeichnen.		S. 120
Ich kann räumliche Bilder lesen und aus ihnen die wahren Größen ermitteln und ich kann räumliche Bilder zeichnen.		S. 121

11 Oberfläche und Volumen

Wie viel?
Wie viel Material benötigt man, um eine Dose, eine Schachtel oder irgendein anderes Behältnis herzustellen?
Und wie viel fasst eine solche Dose, eine solche Schachtel, ein solches Behältnis?
Fragen dieser Art stellen sich nicht nur die Ingenieure der Verpackungsindustrie. Man begegnet ihnen allenthalben: im Hause, im Kaufhaus, beim Architekten …

11.1 Volumeneinheiten

Messen heißt vergleichen – das ist beim Volumen nicht anders als bei Länge und Fläche. Als Vergleichskörper wählt man einen möglichst einfachen Körper – denn mit ihm soll ja alles andere ausgeschöpft werden.

Als Volumeneinheit wählt man den Würfel der Kantenlänge 1.

So bedeutet z. B. die Einheit 1 Kubikmillimeter (1 mm^3) das Volumen eines Würfels der Kantenlänge 1 mm; die Einheit 1 Kubikzentimeter (1 cm^3) ist das Volumen eines Würfels der Kantenlänge 1 cm usw. …

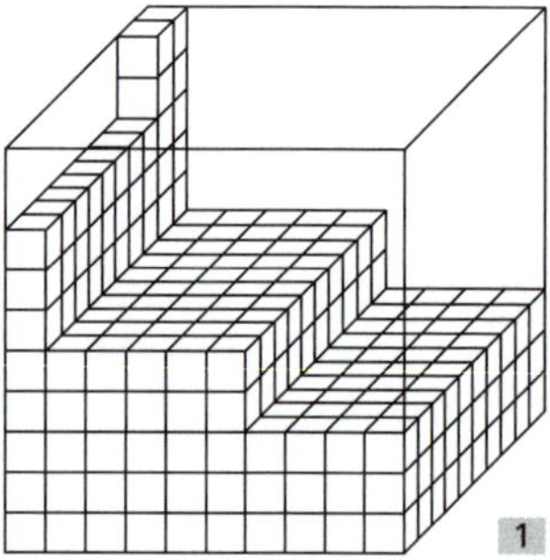

1

Die Volumeneinheit ist – wie die Flächeneinheit auch – an die *Längeneinheit gekoppelt*. Für Volumina unterschiedlicher Größenordnungen verwendet man unterschiedliche Einheiten:

1 Kubikmillimeter $= 1\,\text{mm}^3 = \frac{1}{1000}\,\text{cm}^3$

1 Kubikzentimeter $= 1\,\text{cm}^3 = 1\,000\,\text{mm}^3 = \frac{1}{1000}\,\text{dm}^3$

1 Kubikdezimeter $= 1\,\text{dm}^3 = 1\,000\,\text{cm}^3 = \frac{1}{1000}\,\text{m}^3$

1 Kubikmeter $= 1\,\text{m}^3 = 1\,000\,\text{dm}^3 = \frac{1}{1\,000\,000\,000}\,\text{km}^3$

1 Kubikkilometer $= 1\,\text{km}^3 = 1\,000\,000\,000\,\text{m}^3$

Als Volumeneinheit verwendet man – vor allem für Flüssigkeiten – auch das ***Liter***. Es ist (↗ Bild 2):

1 Liter $= 1\,\text{l} = 1\,\text{dm}^3$.

Davon abgeleitet sind

1 Milliliter $= 1\,\text{ml} = \frac{1}{1000}\,\text{l}$

1 Zentiliter $= 1\,\text{cl} = \frac{1}{100}\,\text{l}$

1 Deziliter $= 1\,\text{dl} = \frac{1}{10}\,\text{l} = 0{,}1\,\text{l}$

1 Hektoliter $= 1\,\text{hl} = 100\,\text{l}$

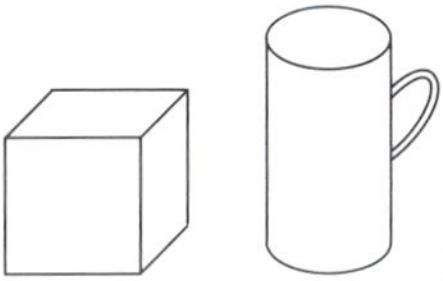

2

11

BEISPIEL

„Dumme Fragen“: $1\,234{,}567\,\text{cm}^3$

- Wie viel mm^3 sind das?
  $1\,\text{cm}^3 = 1000\,\text{mm}^3$, deshalb:
  $1\,234{,}567\,\text{cm}^3 = 1\,234{,}567\,(1000\,\text{mm}^3) = 1\,234\,567\,\text{mm}^3$

- Wie viel dm^3 sind das?
  $1\,\text{cm}^3 = \frac{1}{1000}\,\text{dm}^3$, deshalb:
  $1\,234{,}567\,\text{cm}^3 = 1\,234{,}567\left(\frac{1}{1000}\,\text{dm}^3\right) = 1{,}234\,567\,\text{dm}^3$

- Wie viel cl sind das?

$$1\,\text{cm}^3 = \frac{1}{1000}\,\text{dm}^3 = 1\,\text{l};\ 1\,\text{l} = 100\,\text{cl};\ \text{deshalb}$$

$$1\,234{,}567\,\text{cm}^3 = 1\,234{,}567\left(\frac{1}{1000}\,\text{dm}^3\right) = 1{,}234\,567\,\text{l}$$

$$= 1{,}234\,567\,(100\,\text{cl}) = 123{,}4567\,\text{cl}$$

11.2 Cavalieri-Prinzip

Verschiedene Körper können *gleiches* Volumen haben, denn beim Volumen kommt es auf die Form nicht an. Ein bloßes Umordnen und Umlegen der Volumenelemente bedeutet keinerlei Änderung des Inhalts.
Ein Kartenstapel macht es klar: Ob die Karten säuberlich gestapelt oder durch einen Stoß oder Dreh verformt sind – an seinem Volumen ändert dies nichts (↗ Bilder 3, 4 und 5).

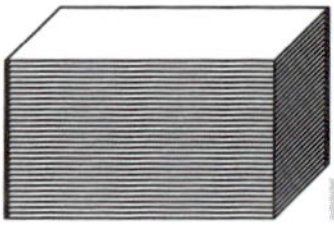
3

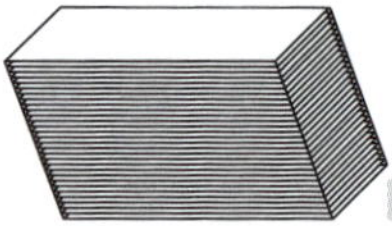
4

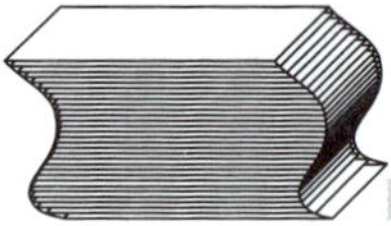
5

Die Ausformulierung dieser Einsicht nennt man das Cavalieri-Prinzip:

Cavalieri-Prinzip
Zwei Körper haben gleiches Volumen, wenn ihre Schnitte in jeweils gleichen Höhen flächengleich sind.

BEACHTE Was bewirkt dieses Prinzip? Es hilft bisweilen bei Körpern, deren räumliche Struktur komplizierter und schwerer zu durchschauen ist. – Man vergleicht mit einem wohlbekannten Körper und denkt sich die Körper geschnitten. Sind ihre Schnittflächen in gleichen Höhen gleich, so sind auch ihre Volumina gleich.

11.3 Würfel und Quader

Quader sind Körper, die von 6 Rechtecken begrenzt werden. Je zwei Rechtecke sind deckungsgleich und zueinander parallel. Zwei parallele Rechtecke bilden die Grund- und Deckfläche, die restlichen Rechtecke bilden die Mantelfläche M. Würfel sind spezielle Quader, begrenzt von 6 Quadraten.

> **Für die Oberfläche O_Q bzw. das Volumen V_Q des Quaders gilt:**
> **$O_Q = 2\,G + M$,**
> **$V_Q = G \cdot h$,**
> **dabei ist G seine Grundfläche, M seine Mantelfläche und h seine Höhe.**

Denn:

- Die *Oberfläche* setzt sich zusammen aus Grund-, Deck- und Mantelfläche. Beim Quader (↗ Bild 6) mit den Kanten a, b, h bedeutet dies:
  $O_Q = 2\,G + M = 2\,a \cdot b + (2\,a + 2\,b)\,h$.
- *Volumen*: Der Quader lässt sich Schicht für Schicht mit Einheitswürfeln ausfüllen. Auf der Grundfläche passen $G = a \cdot b$ Würfel in eine Schicht, der Quader fasst h Schichten. Insgesamt sind es $G \cdot h$ Einheitswürfel (↗ Bild 7).

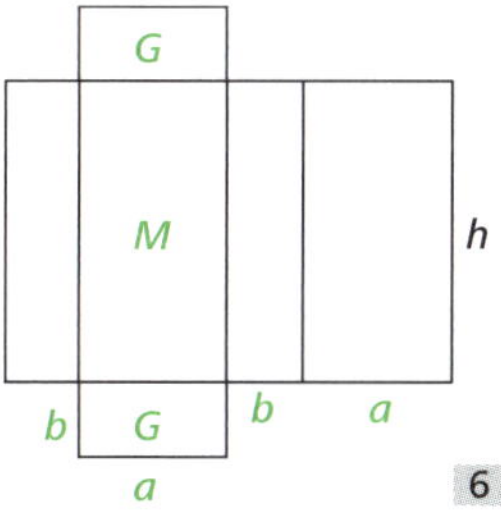

6

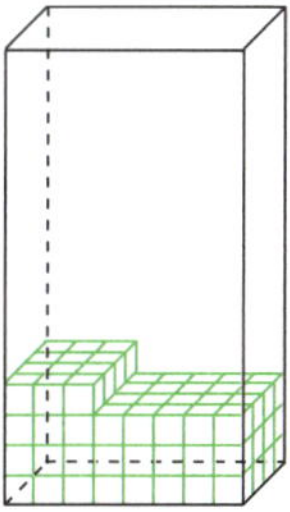
7

11

Für die Oberfläche O_W bzw. das Volumen V_W des Würfels gilt:
$O_W = 2\,G + M = 6\,a^2$,
$V_W = G \cdot h \quad = a^3$,
dabei ist G seine Grundfläche, M seine Mantelfläche und $h = a$ seine Höhe.

Denn: Der Würfel ist ein *Spezialfall* des Quaders: alle Kanten haben die Länge *a*.

11.4 Prisma

Prismen sind Körper; ihre Grund- und Deckfläche sind deckungsgleiche Vielecke und sie liegen *parallel*.
Beim geraden Prisma sind die Seitenflächen Rechtecke; sie stehen senkrecht zur Grundfläche (↗ Bild 8).
Beim schiefen Prisma sind die Seitenflächen Parallelogramme und stehen *nicht alle* senkrecht zur Grundfläche (↗ Bild 9).

Für die Oberfläche O_P bzw. das Volumen V_P eines Prismas gilt:
$O_P = 2\,G + M$,
$V_P = G \cdot h$.
Dabei bedeutet G seine Grundfläche, M seine Mantelfläche und h seine Höhe.

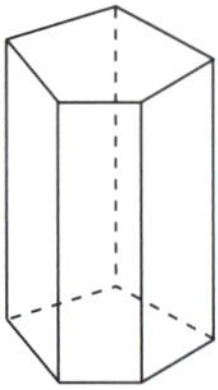
8

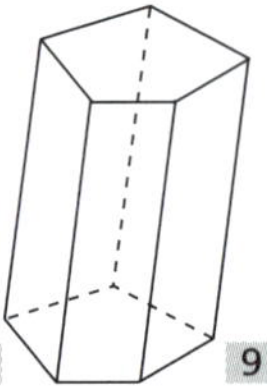
9

Denn:

- Die *Oberfläche* eines Prismas lässt sich ausfalten in Grund-, Deck- und Mantelfläche, das ergibt $2\,G + M$ (↗ Bild 10).
- *Volumen*: Ein gerades Prisma lässt sich Schicht für Schicht mit Volumeneinheiten ausfüllen. Insgesamt fasst es also $G \cdot h$ Volumeneinheiten (↗ Bild 11). Ein schiefes Prisma lässt sich „gera-

de rücken". Nach Cavalieri (↗ S. 128) fasst es ebenfalls $G \cdot h$ Volumeneinheiten.

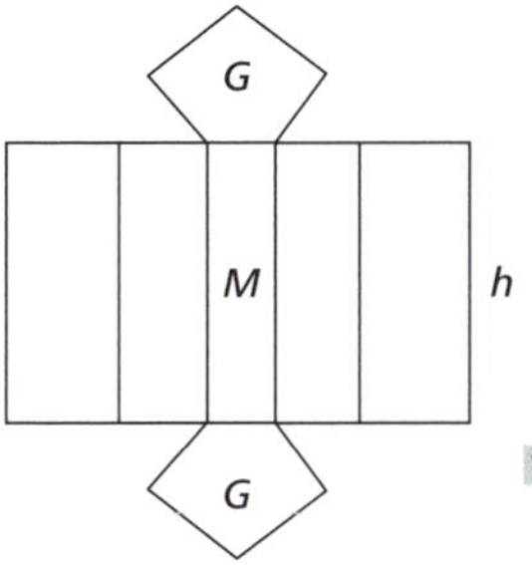

10

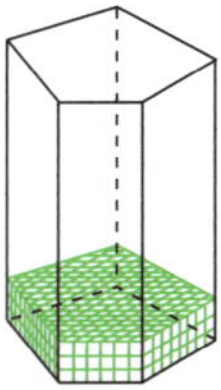
11

11.5 Zylinder

Zylinder sind Körper, sie entstehen, wenn im Raum *ein Kreis längs einer Geraden gleitet*. Beim geraden Zylinder steht diese *erzeugende* Gerade senkrecht auf der Kreisfläche (↗ Bild 12). Beim schiefen Zylinder stehen erzeugende Gerade und Kreisfläche nicht senkrecht zueinander (↗ Bild 13).

Für die Oberfläche O_Z bzw. das Volumen V_Z eines Zylinders gilt:
$O_Z = 2\,G + M$,
$V_Z = G \cdot h$.
Dabei bedeutet G seine Grundfläche, M seine Mantelfläche und h seine Höhe.

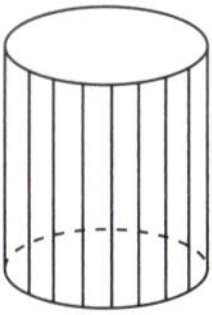
12

13

Denn:

- *Oberfläche*: Ein Zylinder lässt sich in die Ebene abrollen. Es ist $O_Z = 2\,G + M$. Grund- und Deckfläche sind Kreise. Beim geraden Zylinder ist der Mantel ein Rechteck; seine Länge ist der

Umfang des Grundkreises, seine Höhe ist die Zylinderhöhe (↗ Bild 14). Also ist $O_Z = 2\,r^2\,\pi + 2\,r\,\pi\,h$.

- *Volumen*: Ein gerader Zylinder lässt sich Schicht für Schicht mit Volumeneinheiten ausfüllen. Eine Schicht fasst G Volumeneinheiten, der Zylinder enthält h Schichten. Insgesamt fasst ein Zylinder also $G \cdot h = r^2\,\pi\,h$ Volumeneinheiten (↗ Bild 15).
  Ein schiefer Zylinder lässt sich „gerade rücken". Nach Cavalieri (↗ S. 128) fasst er ebenfalls $G \cdot h$ Volumeneinheiten.

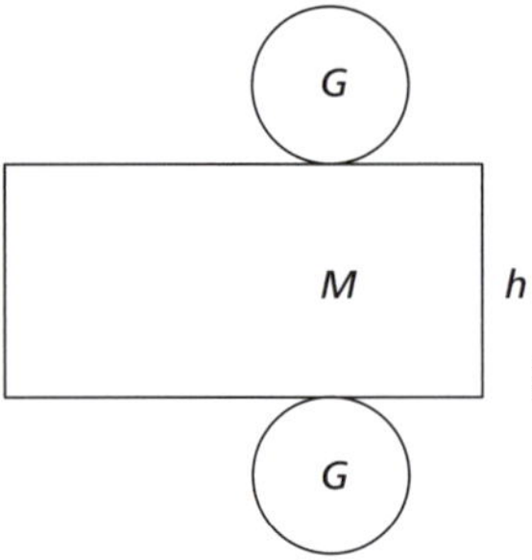

14

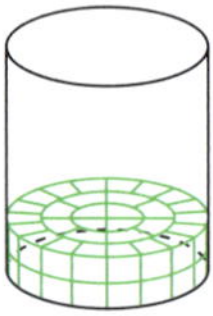
15

11.6 Pyramide

Eine n-seitige Pyramide wird bestimmt durch ein n-Eck und einen Punkt S, der *nicht* in der Ebene des n-Ecks liegt. Das n-Eck ist die Grundfläche, der Punkt S die Spitze der Pyramide (↗ Bild 16).

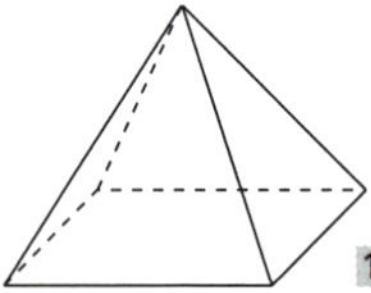
16

Für die Oberfläche O_P bzw. das Volumen V_P einer Pyramide gilt:
$O_P = G + M$,
$V_P = \frac{1}{3}\,G \cdot h$.
Dabei bedeutet G ihre Grundfläche, M ihre Mantelfläche und h ihre Höhe.

Denn:

- Die *Oberfläche* setzt sich zusammen aus Grundfläche G und Mantelfläche M (↗ Bild 17).
- *Volumen*: Ein dreiseitiges Prisma lässt sich durch zwei Schnitte in drei volumengleiche Pyramiden zerschneiden. Also ist

  $V_P = \frac{1}{3} G \cdot h$ (↗ Bild 18).

  n-seitige Prismen lassen sich in 3-seitige zerlegen; also gilt auch für sie

  $V_P = \frac{1}{3} G \cdot h.$

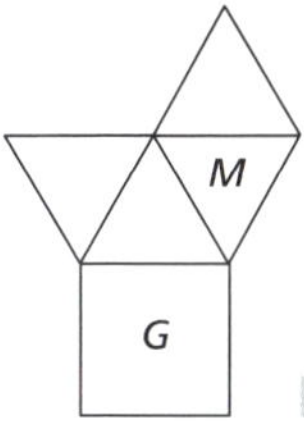

17

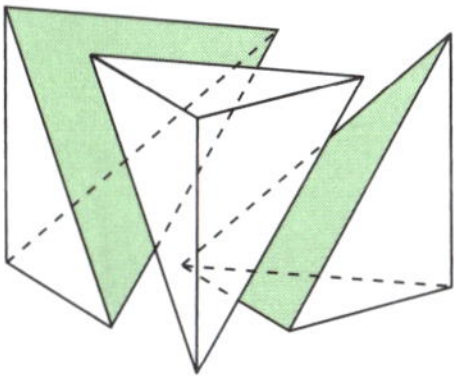
18

BEISPIEL

Eine regelmäßige quadratische Pyramide hat die Grundkante $a = 10$ und die Höhe $h = 12$.
Die Oberfläche ergibt sich mit:

$O_P = G + M = a^2 + 4 \cdot \frac{a\,h_s}{2}.$

dabei ist h_s die Höhe der Seitenfläche.

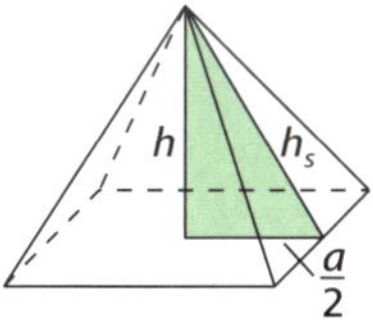

19

Für h_s (↗ Bild 19) findet man (Schnitt nach Pythagoras):

mit $h_s = \sqrt{h^2 + \frac{a^2}{4}}$ folgt $O_P = 100 + 2 \cdot 10\sqrt{144 + 25} = 360.$

Das Volumen der Pyramide ergibt sich zu:

$V_P = \frac{1}{3} G \cdot h = \frac{1}{3} a^2 \cdot h = \frac{1}{3} 100 \cdot 12 = 400.$

11.7 Kegel

Ein ***Kegel*** wird bestimmt durch einen Kreis und einen Punkt *S*, der *nicht* in der Ebene des Kreises liegt. Der Kreis ist die Grundfläche, der Punkt *S* die Spitze des Kegels.
Beim ***geraden Kegel*** liegt die Spitze *S* senkrecht über dem Kreismittelpunkt, beim ***schiefen Kegel*** hingegen nicht (↗ Bilder 20 und 21).

Für die Oberfläche O_K bzw. das Volumen V_K eines Kegels gilt:
$O_K = G + M$,
$V_K = \frac{1}{3} G \cdot h$.
Dabei bedeutet *G* seine Grundfläche, *M* seine Mantelfläche und *h* seine Höhe.

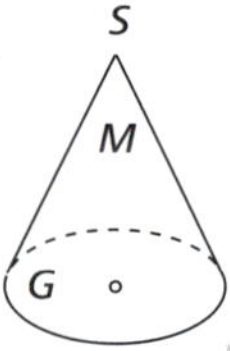

20

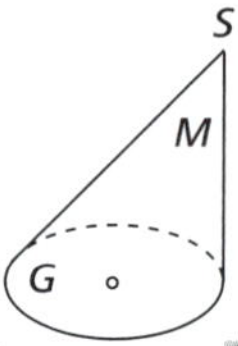

21

Denn:
- *Oberfläche*: Der Kegel lässt sich in die Ebene abwickeln und zerfällt in *G* und *M* (↗ Bild 22).
- *Volumen*: Das Volumen eines Kegels ist nach Cavalieri (↗ S. 128) genauso groß wie das einer Pyramide, deren Grundfläche und Höhe so groß sind wie jene des Kegels (↗ Bilder 23 und 24). Also ist

  $$V_K = V_P = \frac{1}{3} G \cdot h.$$

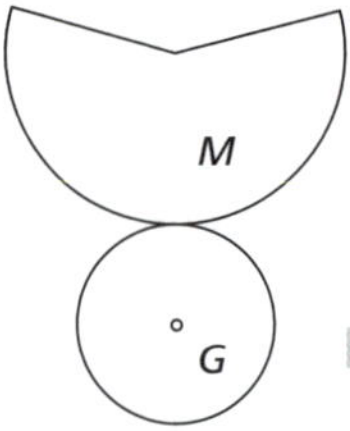

22

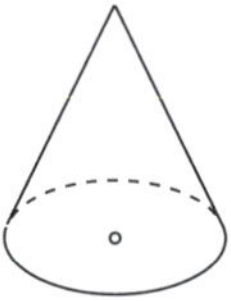
23

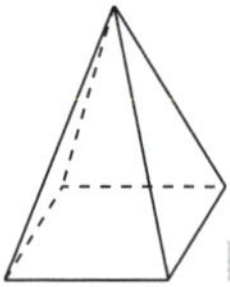
24

BEISPIEL

Ein gerader Kegel hat den Grundkreisradius $r = 6$ und die Höhe $h = 8$. Oberfläche:

$O_K = G + M = r^2 \cdot \pi + M$,

M ist Kreissektor (↗ S. 115). Der Bogen b ist der Grundkreisumfang $b = 2\, r\, \pi$; der Radius ist die Mantellinie $m = \sqrt{h^2 + r^2}$.

Deshalb ist $M = r \cdot m \cdot \pi = 60\,\pi$ (↗ Bild 22).

Volumen:

$$V_K = \frac{1}{3} G \cdot h = \frac{1}{3} r^2 \cdot \pi \cdot h = 96\,\pi.$$

11.8 Pyramiden- und Kegelstumpf

Ein Pyramiden- bzw. eine Kegelstumpf ist ein *Restkörper*. Er entsteht, wenn eine Pyramide bzw. ein Kegel parallel zur Grundfläche zerschnitten wird (↗ Bilder 25 und 26).

Für die Oberflächen O_{PS}, O_{KS} bzw. die Volumina V_{PS}, V_{KS} von Pyramiden- bzw. Kegelstumpf gilt:

$O_{PS} = G_1 + G_2 + M$,
$O_{KS} = G_1 + G_2 + M$,

$V_{PS} = \frac{1}{3} G_1 \cdot h_1 - \frac{1}{3} G_2 \cdot h_2$,

$V_{KS} = \frac{1}{3} G_1 \cdot h_1 - \frac{1}{3} G_2 \cdot h_2$.

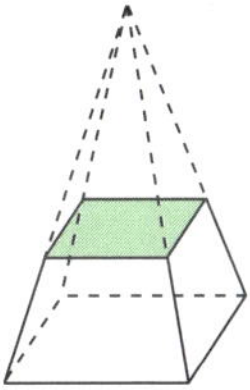

25

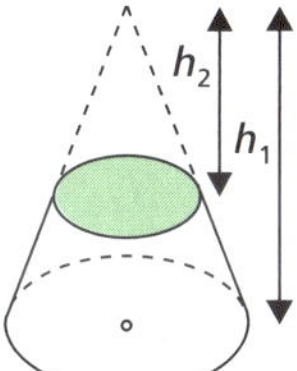

26

(Dabei bedeuten G_1, G_2 die Grund- bzw. die Deckfläche; h_1 ist die Höhe des Körpers, aus dem der Stumpf entstanden ist, h_2 die Höhe des abgeschnittenen Teils.)

11

BEISPIEL Der Stumpf einer quadratischen Pyramide hat die Grundkanten $a_1 = 8$, $a_2 = 6$; seine Höhe ist $h = 3$ (↗ Bild 27).

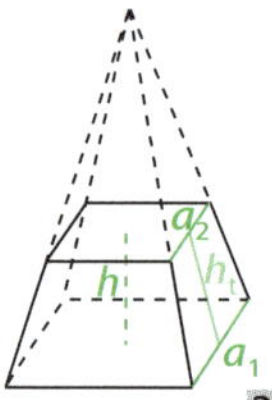

27

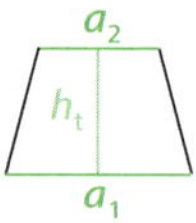

28

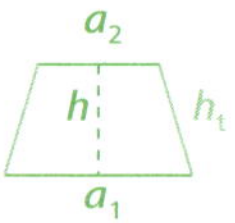

29

Berechnung der Oberfläche:
Anmerkung: „PS“ bedeutet „Pyramidenstumpf“.

a) $O_{PS} = G_1 + G_2 + M$

b) Der Mantel M besteht aus 4 gleichschenkligen Trapezen (↗ Bild 28). Deshalb ist (↗ S. 112):

$$M = 4 \cdot \frac{1}{2}(a_1 + a_2) \cdot h_t.$$

c) Bild 29 zeigt einen Schnitt durch den Stumpf. Man kann erkennen, dass man die Trapezhöhe h_t mit Pythagoras berechnet:

$$h_t = \sqrt{h^2 + \left(\frac{a_1 - a_2}{2}\right)^2}$$
$$= \sqrt{10}$$

d) Also ist:

$$M = 4 \cdot O_{\text{Trapez}}$$
$$= 4 \cdot 7 \cdot \sqrt{10}$$
$$= 28\sqrt{10}$$

e) $O_{PS} = G_1 + G_2 + M$

$$= 8^2 + 6^2 + 28\sqrt{10}$$
$$\approx 188{,}54$$

Berechnung des Volumens:

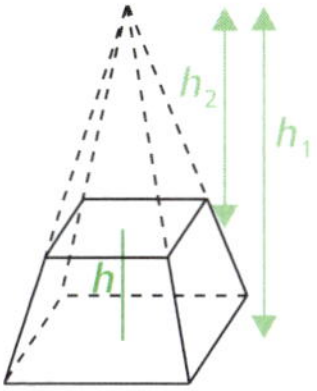

30

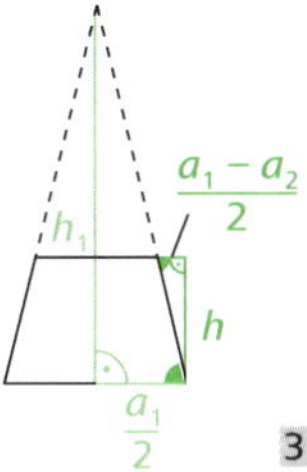

31

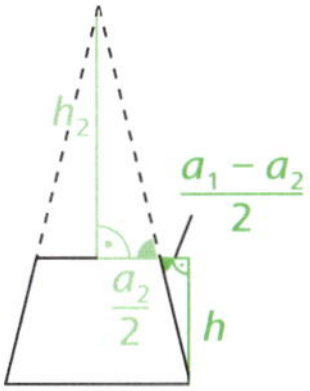

32

a) Vgl. das Bild 30:

$$V_{PS} = \frac{1}{3} G_1 \cdot h_1 - \frac{1}{3} G_2 \cdot h_2$$
$$= \frac{1}{3} a_1^2 \cdot h_1 - \frac{1}{3} a_2^2 \cdot h_2$$

b) Wie groß h_1 und h_2 sind, ergibt sich aus Ähnlichkeitsüberlegungen:
Im Schnitt (↗ Bild 31) sieht man, dass die dunkel- und hellgrünen Dreiecke ähnlich sind, denn sie haben zwei gleiche Winkelpaare (die rechten Winkel und die grün schraffierten Wechselwinkel an Parallelen).

c) Da sie ähnlich sind, gilt (↗ S. 46):

$$\frac{h_1}{\frac{a_1}{2}} = \frac{h}{\frac{a_1 - a_2}{2}}$$

$$h_1 = \frac{h \cdot a_1}{a_1 - a_2}$$

d) Entsprechend berechnet man auch h_2 (↗ Bild 32):

$$h_2 = \frac{h \cdot a_2}{a_1 - a_2}$$

e) Dies in die obige Formel (a) einsetzen:

$$V_{PS} = \frac{1}{3} 64 \cdot \frac{3 \cdot 8}{2} - \frac{1}{3} 36 \cdot \frac{3 \cdot 6}{2} = 148.$$

11.9 Kugel

Die *Kugel* ist ein Körper, der bestimmt ist durch einen Punkt, den Mittelpunkt M, und eine Distanz, den Radius r. Sie enthält alle Punkte, die vom Mittelpunkt M keinen größeren Abstand als r haben.
Anders als bei den meisten Körpern hängen bei der Kugel Oberfläche und Volumen aufs Engste miteinander zusammen: kleine Oberfläche, kleines Volumen; große Oberfläche, großes Volumen!

Der Quotient von Volumen V_K und Oberfläche O_K einer Kugel ist dem Kugelradius r proportional:

$$\frac{V_K}{O_K} = \frac{1}{3} r.$$

Denn: Eine Kugel kann man sich aus einer Vielzahl von Kegeln $K_1, K_2, K_3, K_4, \ldots$ herstellen (↗ Bilder 33 und 34).

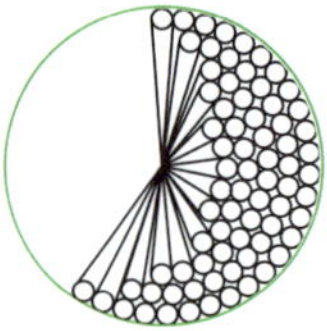

33

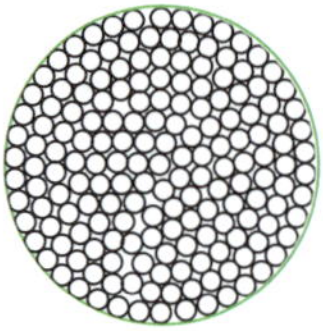

34

Die Höhe der Kegel ist der Kugelradius r.
Das Kugelvolumen V_K bestimmt sich zu:

$$V_K = V_{K_1} + V_{K_2} + V_{K_3} + V_{K_4} + \ldots$$

$$V_K = \frac{1}{3} r \cdot G_1 + \frac{1}{3} r \cdot G_2 + \frac{1}{3} r \cdot G_3 + \frac{1}{3} r \cdot G_4 + \ldots$$

$$V_K = \frac{1}{3} r (G_1 + G_2 + G_3 + G_4 + \ldots)$$

Die Summe aller Kegelgrundflächen ist die Kugeloberfläche, d.h.

$$V_K = \frac{1}{3} r \cdot O_K.$$

Das Kugelvolumen ergibt sich durch einen *raffinierten Vergleich*. Cavalieri (↗ S. 128) lässt grüßen:

Für das Volumen V_K bzw. die Oberfläche O_k einer Kugel vom Radius r gilt:

$V_K = \frac{4}{3}\pi \cdot r^3$, $O_K = 4r^2 \cdot \pi$.

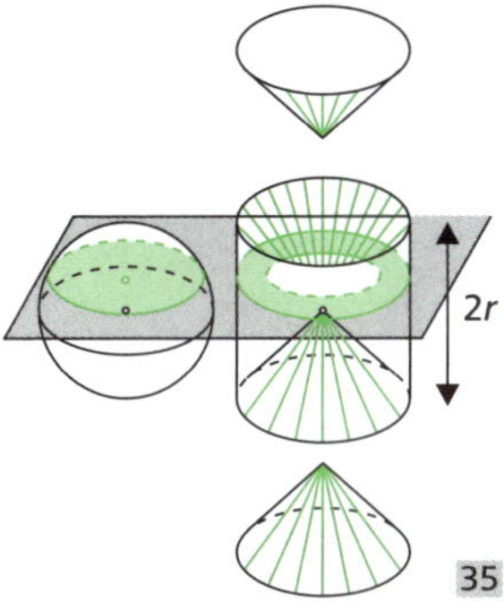

35

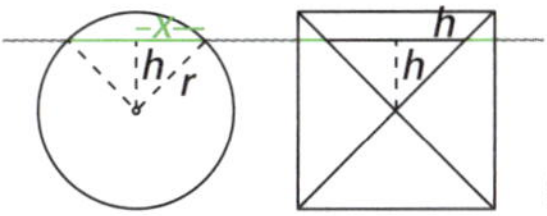

36

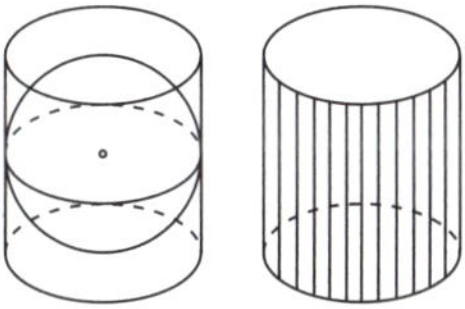

37

Begründung Volumen: Man vergleicht die Kugel mit dem Körper, der entsteht, wenn man aus dem gleich hohen Zylinder zwei Kegel herausschneidet (↗ Bild 35).

Man vergleicht Schicht für Schicht (↗ Bild 36):

Der Schnitt der Kugel in der Höhe h ist ein Kreis vom Radius x.

Sein Flächeninhalt ist $f_K = x^2 \cdot \pi = (r^2 - h^2)\,\pi$.

Der Schnitt des Restkörpers in gleicher Höhe ist ein Kreisring (im ↗ Bild 35 der grüne Ring).

Sein Flächeninhalt ist $f_R = r^2\pi - h^2\pi = (r^2 - h^2)\,\pi$.

Deshalb haben Kugel und Restkörper gleiches Volumen, d. h.

$V_K = V_{Zylinder} - 2\,V_{Kegel}$

$V_K = 2\,r^3 \cdot \pi - \frac{2}{3}r^3 \cdot \pi = \frac{4}{3}r^3 \cdot \pi$.

Begründung Oberfläche: Wegen $V_K = \frac{1}{3}r \cdot O_K$ ist $O_K = 4\,r^2 \cdot \pi$. Sie ist so groß wie die Mantelfläche des Vergleichszylinders (↗ Bild 37).

Lern-Check: Teste dein Wissen!

Kapitel „Oberfläche und Volumen“	O. K. ✓	Das muss ich noch mal lesen
Ich kann unterschiedliche Volumeneinheiten nennen und die verschiedenen Einheiten ineinander umrechnen.		S. 126, 127
Ich kann das Cavalieri-Prinzip beschreiben, veranschaulichen und seine Bedeutung bei der Volumenbestimmung erklären.		S. 128
Ich kann die Oberfläche und das Volumen von Quadern und Würfeln berechnen.		S. 129, 130
Ich kann die Oberfläche und das Volumen eines Prismas berechnen.		S. 130, 131
Ich kann die Oberfläche und das Volumen eins Zylinders berechnen.		S. 131, 132
Ich kann die Oberfläche und das Volumen einer Pyramide berechnen.		S. 132, 133
Ich kann die Oberfläche und das Volumen eines Kegels berechnen.		S. 134, 135
Ich kann die Oberfläche und das Volumen von Pyramiden- und von Kegelstümpfen berechnen.		S. 135–137
Ich kann die Oberfläche und das Volumen einer Kugel berechnen.		S. 138, 139

Grundkonstruktionen

Geometrische Grundkonstruktionen sind jene Konstruktionselemente, die bei geometrischen Zeichnungen in unterschiedlicher Kombination immer *wiederkehren*.
Als klassische Zeichenwerkzeuge gelten *Zirkel* und *Lineal*. Das hat seine guten Gründe; einer davon ist, dass der geometrische Inhalt einer Konstruktion mit diesen Werkzeugen überaus klar und deutlich hervortritt.
Lineal (ohne Skala) und Zirkel ermöglichen zwei Grundoperationen:

1. die Verbindung zweier Punkte durch eine Gerade,
2. das Zeichnen eines Kreises bei gegebenem Mittelpunkt und Radius.

Diese beiden Elemente – geschickt kombiniert – führen zu einer unermesslichen Fülle geometrischer Formen und Figuren.

12.1 Strecken halbieren

Die Strecke $\overline{AB}$ soll halbiert werden.

Die Konstruktion:

1. Man beschreibt um A einen Kreis (↗ Bild 1) …
2. … und mit *gleichem Radius* einen Kreis um B (↗ Bild 2).
3. Die Verbindungsgerade beider Kreisschnittpunkte ist Symmetrieachse; sie ist Mittellot und halbiert $\overline{AB}$ (↗ Bild 3).

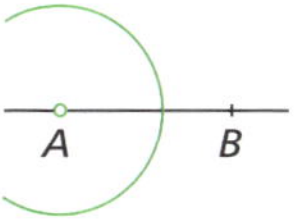

1

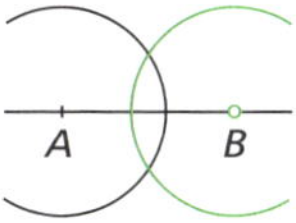

2

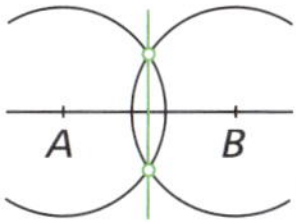

3

12.2 Strecke in gleiche Teile teilen

Die Strecke $\overline{AB}$ soll in n gleiche Teile geteilt werden.

Die Konstruktion:

1. Man zeichnet durch A eine von AB verschiedene Gerade g (↗ Bild 4).
2. Man trägt auf g von A aus n-mal stets gleiche Strecken (mit dem Zirkel) ab und erhält so $A_1, A_2, \ldots, A_n$ (↗ Bild 5).
3. Man zeichnet BA_n und dazu die Parallelen durch $A_1, A_2, \ldots, A_{n-1}$ (↗ S. 143: Parallele zeichnen). Sie schneiden $\overline{AB}$ in den Teilungspunkten (↗ Bild 6).

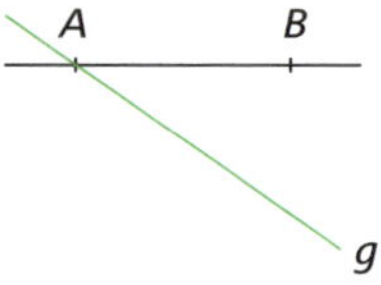

4

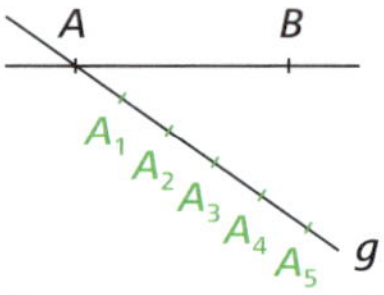

5

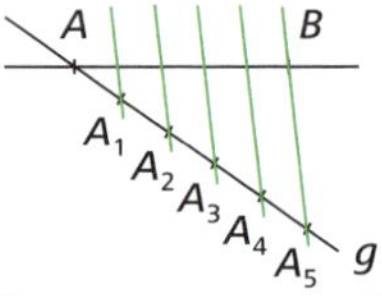

6

12.3 Strecke stetig teilen

Die Strecke $\overline{AB} = a$ soll stetig geteilt werden.Eine Strecke heißt ***stetig*** oder ***im Goldenen Schnitt geteilt***, wenn das Verhältnis der Gesamtstrecke zum größeren Abschnitt gleich dem Verhältnis des größeren zum kleineren Abschnitt ist:
$a : x = x : (a - x)$.

Die Konstruktion:

1. In B wird auf $\overline{AB}$ das Lot $\overline{BC}$ (↗ S. 144: Lot errichten) der Länge $\frac{1}{2}\,a$ errichtet (↗ Bild 7).
2. Man beschreibt einen Kreis um A mit Radius $|AC| - |BC|$. $\overline{AB}$ wird durch ihn stetig geteilt (↗ Bild 8).
3. Pythagoras erklärt, warum (↗ Bild 9):
   $|AC|^2 = |AB|^2 + |BC|^2$

$$\Leftrightarrow \left(x + \frac{a}{2}\right)^2 = a^2 + \left(\frac{a}{2}\right)^2$$

$$\Leftrightarrow x^2 + 2x\,\frac{a}{2} + \left(\frac{a}{2}\right)^2 = a^2 + \left(\frac{a}{2}\right)^2$$

$$\Leftrightarrow x^2 = a^2 - a\,x \;\Leftrightarrow\; x^2 = a\,(a - x) \;\Leftrightarrow\; x : (a - x) = a : x$$

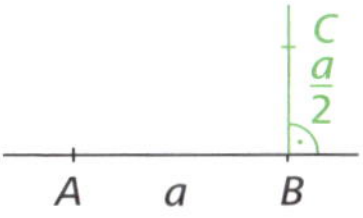

7

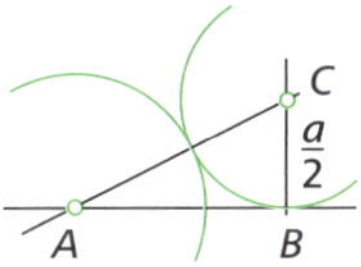

8

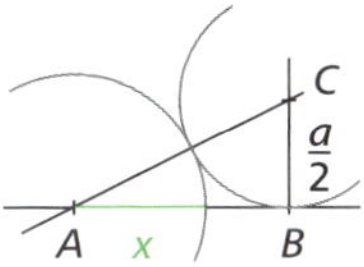

9

12.4 Parallele zeichnen

Durch den Punkt P soll die Parallele zur Geraden g gezeichnet werden.

Die Konstruktion (↗ Bilder 10 bis 12):

1. Man fällt vom Punkt P das Lot l_1 (↗ S. 144 unten) auf g.
2. Man errichtet im Punkt P das Lot l_2 auf l_1 (↗ S. 144 oben).
3. Das Lot auf dem Lot – es ist die Parallele zu der Geraden g.

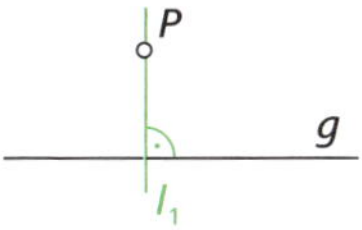

10

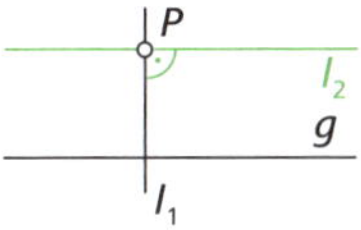

11

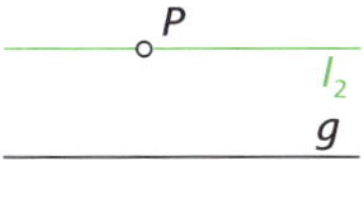

12

12.5 Lot errichten / Mittellot konstruieren

Im Punkt *P* der Geraden soll das Lot *l* errichtet werden. Oder: Das Mittellot zweier Punkte *A*, *B* soll konstruiert werden.

Die Konstruktion (↗ Bilder 13 bis 15):
1. Man beschreibt um *P* einen Kreis. Er schneidet *g* in *A* und *B*.
2. Man beschreibt um *A* und *B* Kreise gleicher Radien.
3. Die Gerade *l* durch die Schnittpunkte dieser Kreise ist Symmetrieachse und deshalb das Lot auf *g* im Punkt *P*. Sie ist gleichzeitig Mittellot von $\overline{AB}$.

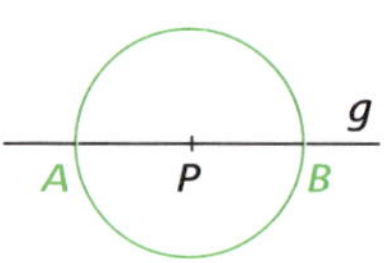

13

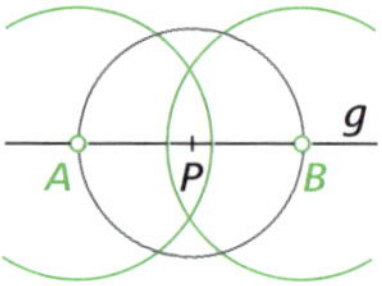

14

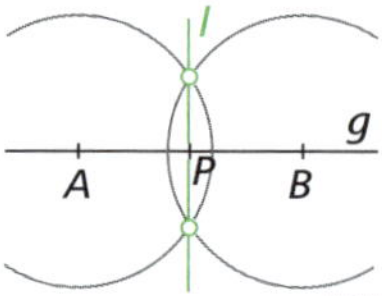

15

12.6 Lot fällen

Vom Punkt *P* soll auf die Gerade *g* das Lot *l* gefällt werden.

Die Konstruktion (↗ Bilder 16 bis 18):
1. Man beschreibt um *P* einen Kreis. Er schneidet *g* in *A* und *B*.
2. Man beschreibt um *A* und *B* Kreise gleicher Radien.
3. Die Verbindungsgerade *1* der Schnittpunkte dieser Kreise ist Symmetrieachse und deshalb das Lot.

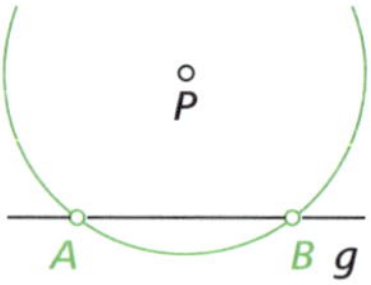

16

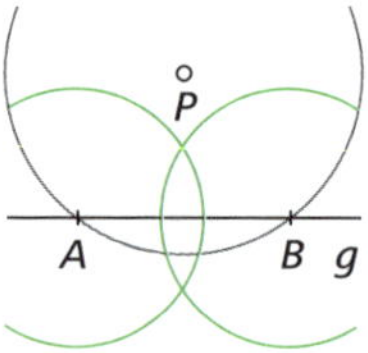

17

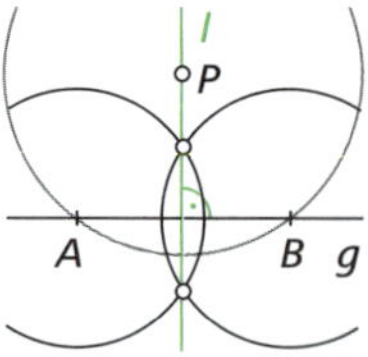

18

12.7 Winkel übertragen

Gegeben: Ein Winkel α (↗ Bild 19) und ein Strahl g. Der Winkel α soll an den Strahl g angetragen werden.

Die Konstruktion:

1. Man beschreibt um den Scheitel S einen Kreis. Er schneidet die Schenkel in A und B (↗ Bild 19).
2. Mit gleichem Radius $\overline{AS}$ beschreibt man einen Kreis um den Anfangspunkt S' des gegebenen Strahls g. Er schneidet g in A' (↗ Bild 20).
3. Man beschreibt um A' einen Kreis vom Radius $\overline{AB}$. Dieser Kreis schneidet den Kreis um S' in B' und B''. α ist übertragen: Es ist $\alpha = \sphericalangle A'S'B' = \sphericalangle A'S'B''$ (↗ Bild 21).

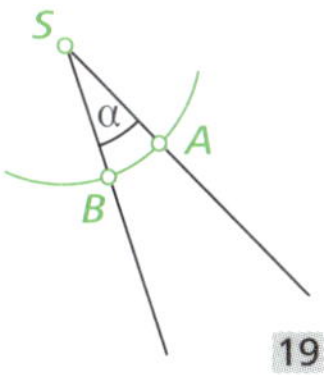

19

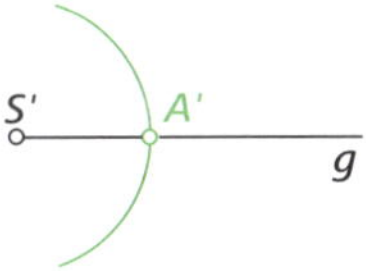

20

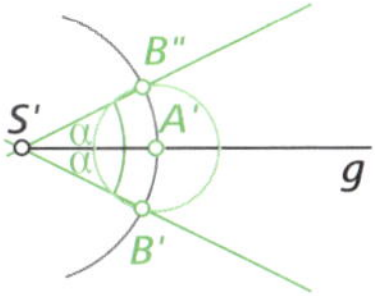

21

12.8 Winkel halbieren

Der Winkel α soll halbiert werden.

Die Konstruktion:

1. Man beschreibt um den Scheitel S einen Kreis. Er schneidet die Schenkel in A und B (↗ Bild 22 auf der nächsten Seite).

Fortsetzung der Konstruktion auf der nächsten Seite.

2. Man beschreibt um A und B Kreise gleicher Radien (↗ Bild 23).
3. Die Verbindungsgerade des Schnittpunktes dieser Kreise mit dem Scheitel S ist Symmetrieachse und deshalb Winkelhalbierende von α (↗ Bild 24).

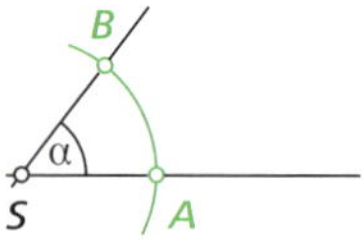

22

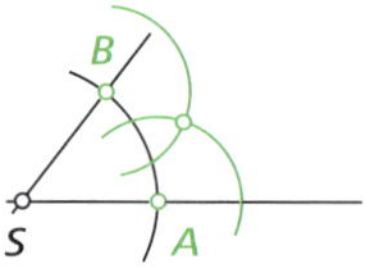

23

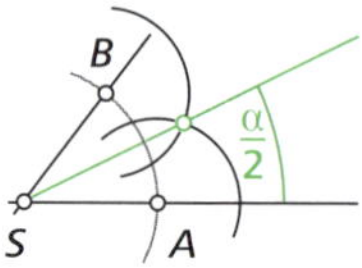

24

12.9 Drei Punkte – ein Kreis

Es soll der Kreis gezeichnet werden, der durch 3 gegebene Punkte A, B, C (die nicht auf einer Geraden liegen) geht.

Die Konstruktion:

1. Man konstruiert das Mittellot (↗ S. 144 oben) zweier Punkte, z. B. von A, B (↗ Bild 25).
2. Man konstruiert das Mittellot zweier anderer Punkte, z. B. von B, C (↗ Bild 26).
3. Der Schnittpunkt M beider Mittellote hat von A, B, C gleichen Abstand; also ist er Mittelpunkt des Kreises durch A, B, C (↗ Bild 27).

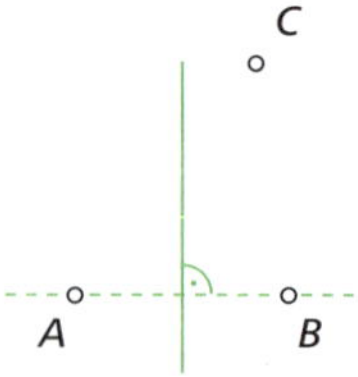

25

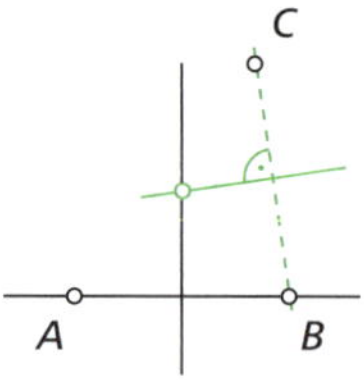

26

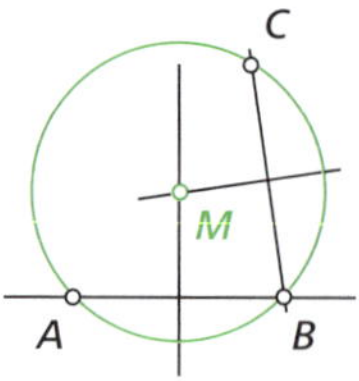

27

12.10 Tangente im Kreispunkt

Im Kreispunkt P soll die Tangente konstruiert werden.

Die Konstruktion:
1. Man zeichnet den Durchmesser MP (↗ Bild 28).
2. In P errichtet man das Lot (↗ S. 144 oben) auf dem Durchmesser MP (↗ Bild 29).
3. Der Durchmesser ist Symmetrieachse, deshalb ist das Lot Tangente an den Kreis (↗ Bild 30).

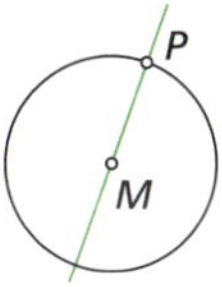

28

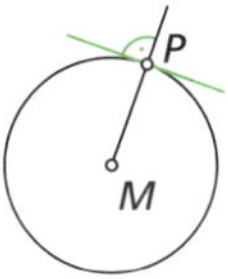

29

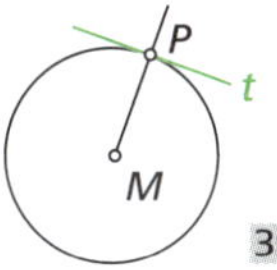

30

12.11 Tangenten an den Kreis

Von einem Punkt P außerhalb des Kreises sollen die Tangenten an den Kreis konstruiert werden.

Die Konstruktion (↗ Bilder 31 bis 33):
1. Man zeichnet die Verbindungsgerade MP und konstruiert den Mittelpunkt H der Strecke $\overline{MP}$.
2. Man beschreibt einen Kreis um H mit dem Radius $|MH| = |HP|$. Er schneidet den Kreis um M in B_1 und B_2.
3. Aus den Thalessatz (↗ S. 93) folgt, dass die Geraden PB_1 und PB_2 senkrecht auf den Radien MB_1 bzw. MB_2 stehen. Also sind sie Tangenten.

12

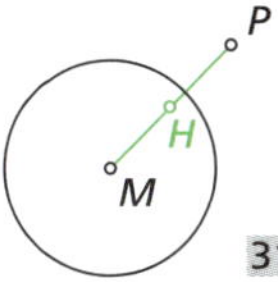

31

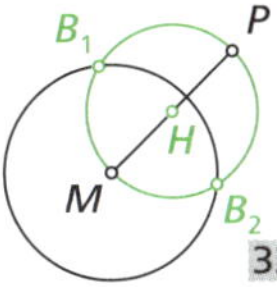

32

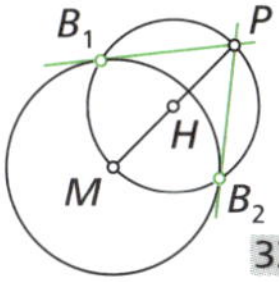

33

Lern-Check: Teste dein Wissen!

Kapitel „Grundkonstruktionen"	**O.K. ✓**	**Das muss ich noch mal lesen**
Ich kann die Werkzeuge nennen, die für Grundkonstruktionen genutzt werden dürfen.		S. 140
Ich kann eine Strecke mittels Grundkonstruktionen in 2 (in 3, ..., in *n*) gleiche Teile teilen.		S. 140, 141
Ich kann erklären, was eine stetige Teilung ist und kann eine Strecke mit Zirkel und Lineal stetig teilen.		S. 141, 142
Ich kann zu einer Geraden die Parallele durch einen gegebenen Punkt konstruieren – allein mit Zirkel und Lineal.		S. 143
Ich kann in einem Punkt einer Geraden das Lot errichten und von einem Punkt außerhalb einer Geraden das Lot fällen, beides mit Zirkel und Lineal.		S. 144
Ich kann Winkel übertragen mit Grundkonstruktionen.		S. 145
Ich kann Winkel mit Grundkonstruktionen halbieren, vierteln, achteln usw.		S. 145, 146
Ich kann den Kreis konstruieren, der durch drei gegebene Punkte verläuft – allein mit Zirkel und Lineal.		S. 146
Ich kann die Tangente eines Kreises in einem gegebenen Punkt zeichnen – allein mit Zirkel und Lineal.		S. 147
Ich kann die Tangenten eines Kreises zu einem gegebenen Punkt außerhalb konstruieren – allein mit Zirkel und Lineal.		S. 147

Geometrie und Algebra

Geometrie und Algebra: Hier die Grundbegriffe *Punkt* und *Gerade*, dort *Zahl* und *Gleichung*. Hier konkrete Formenvielfalt und lebhafte Anschaulichkeit, dort nüchterne Formelsprache und blutleerer Mechanismus. Und doch hat erst ihre wechselseitige Durchdringung zu einem ungeahnten Aufschwung beider von alters her streng getrennten Teilgebiete der Mathematik geführt. So konnten beispielsweise die drei großen klassischen Probleme – die Verdopplung des Würfels, die Drittelung des Winkels, die Quadratur des Kreises – erst durch den Einsatz algebraischer Methoden beantwortet werden.
Die DIN-Formate und die als Entfernungsprobleme formulierten Kegelschnitte, mögen beispielhaft einen ersten Einblick in diese wechselseitigen Zusammenhänge geben.

13.1 DIN-Formate

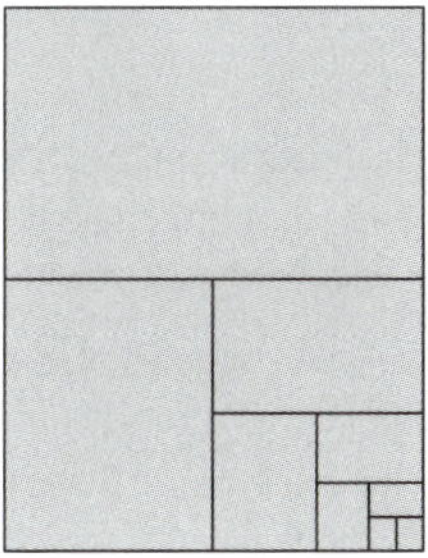

1

Gut, dass es DIN gibt, die „Deutsche Industrie Norm". Sie legt Abmessungen und Gewichte für eine Vielzahl gängiger Produkte fest – vorteilhaft für Hersteller wie für Verbraucher!
Auch Schreibpapier ist genormt. Von den unzählig vielen möglichen rechteckigen Formaten zeichnen

sich DIN-Formate dadurch aus, dass sie folgenden Bedingungen genügen (↗ Bild 1):

- *Bedingung 1*: Das benachbarte Format entsteht durch Halbieren bzw. Verdoppeln.
- *Bedingung 2*: Alle DIN-Formate sind einander ähnlich.
- *Bedingung 3*: Das Format DIN A0 hat die Fläche 1 m².

Format	Langseite in cm	Kurzseite in cm	$\frac{\text{Langseite}}{\text{Kurzseite}}$
A0			
A1			
A2			
A3			
A4	29,7	210	1,414
A5			
A6			
A7			
A8			

Übliche Briefbogen haben das Format DIN A4. Wir laden ein, es auszumessen und aufgrund der DIN-Bedingungen die Abmessungen der anderen Formate zu ermitteln.

Die DIN-Formate lassen sich rechnerisch bestimmen. Dazu sind die DIN-Bedingungen in die Sprache der Algebra zu übersetzen.

Ein Papierbogen habe die Seitenlänge x und y (↗ Bild 2) und der nächstgrößere die Seiten X und Y.

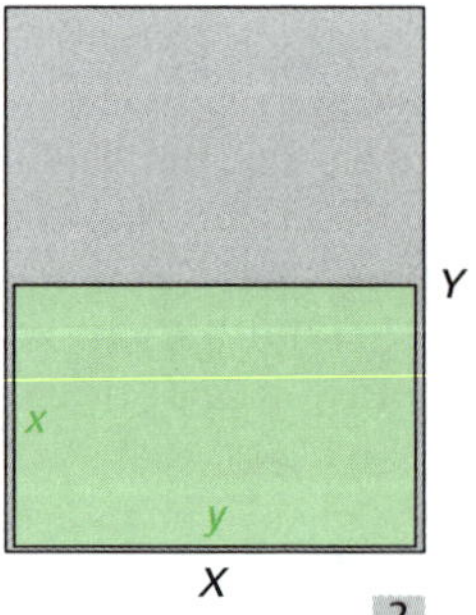

2

Bedingung 1: $y = X$

$$x = \frac{Y}{2}$$

Bedingung 2: $\frac{Y}{X} = \frac{y}{x}$

Bedingung 3: $x_0 \cdot y_0 = 10\,000\,\text{cm}^2$

Bedingung 1 und 2 führen zu:

$$\frac{2x}{y} = \frac{y}{x}$$

und damit zu: $y = x\sqrt{2}$

Damit lassen sich zusammen mit Bedingung 3 alle DIN-Formate exakt bestimmen.

13.2 Ellipse

Ein ellipsenförmiges Beet legt man so an (↗ Bild 3):
Zwischen zwei Pflöcke F_1 und F_2 spannt man eine Schnur; mit der Harke P hält man die Schnur straff gespannt, während man den Umriss des Beetes zieht.

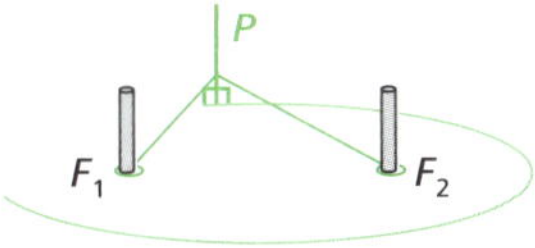

3

Diese „Gärtnerkonstruktion" demonstriert eine charakteristische Eigenschaft der ***Ellipse***: Die gestraffte Schnur von F_1 über die Harke P nach F_2 hat stets die gleiche Länge. Mathematisch gesprochen: Die Abstandssumme $|F_1P| + |PF_2|$ ist konstant. Also gilt:

> Die ***Ellipse*** besteht aus allen Punkten P, die zu zwei gegebenen Punkten F_1, F_2 konstante Abstandssumme $|F_1P| + |PF_2|$ haben.

Eine andere Möglichkeit, eine Ellipse zu konstruieren, ist die punktweise Konstruktion mit dem Zirkel.

BEISPIEL Um zwei Punkte F_1 und F_2 im Abstand 8 soll eine Ellipse mit Abstandssumme $|F_1P| + |PF_2| = 10$ konstruiert werden (↗ Bild 4 links):

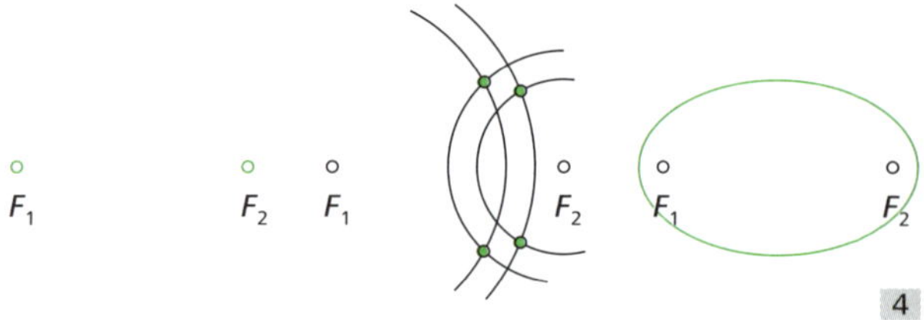

4

Die fixen Punkte F_1 und F_2 im Abstand 8.

Abstandssumme 10. Kreise um F_1 und F_2 mit den Radien 7 und 3 bzw. 6 und 4 …

Die Elipse – Punkt für Punkt.

Dazu werden Kreise um F_1 und F_2 mit den Radien 1; 2; 3; …; 10 gezeichnet (↗ Bild 4 Mitte). Die Schnittpunkte passender Kreise (Summe der Radien = 10) bilden die Ellipse; z. B. die beiden Schnittpunkte vom Kreis um F_1 mit $r = 7$ (mit $r = 6; 5; \ldots$) und dem Kreis um F_2 mit $r = 3$ (mit $r = 4; 5; \ldots$).

Die Übersetzung in die Sprache der Algebra ist nun kein Problem: Dazu tragen wir F_1 und F_2 so in ein Koordinatensystem ein, dass $F_1\,(-4|0)$ und $F_2\,(+4|0)$, damit ist die geforderte Abstandssumme 8 erfüllt (↗ Bild 5).

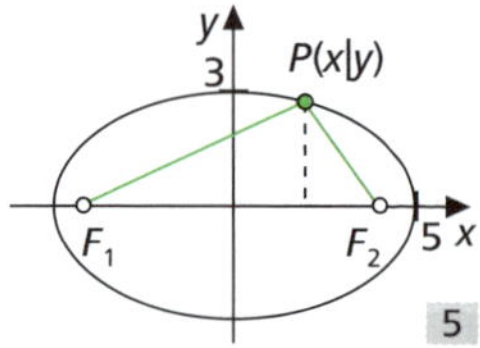

5

Jeder Ellipsenpunkt $P(x|y)$ hat zu den beiden fixen Punkten $F_1(-4|0)$, $F_2(4|0)$ die Abstandssumme 10; d. h. mit Pythagoras (↗ Bild 5):

$$10 = \sqrt{(4+x)^2 + y^2} + \sqrt{(4-x)^2 + y^2}$$

bzw.

$$10 - \sqrt{(4+x)^2 + y^2} = \sqrt{(4-x)^2 + y^2} \quad \text{quadrieren}$$

$$100 - 20\sqrt{(4+x)^2 + y^2} + \left[(16 + 8x + x^2) + y^2\right] = (16 - 8x + x^2) + y^2$$

Vereinfachen führt auf: $25 + 4x = 5\sqrt{(4+x)^2 + y^2}$
Erneutes Quadrieren und Vereinfachen, und die Ellipse ist analytisch erfasst:

$$\frac{x^2}{25} + \frac{y^2}{9} = 1$$

13.3 Hyperbel

> Die ***Hyperbel*** besteht aus allen Punkten P, die zu zwei gegebenen Punkt F_1, F_2 konstante Abstandsdifferenz $||F_1P| - |PF_2||$ haben.

Ihre Konstruktion erfolgt analog zur punktweisen Konstruktion der Ellipse:
Kreis um F_1 mit Radius r_1 und Kreis um F_2 mit Radius r_2, aber hier – im Unterschied zur Ellipsenkonstruktion – muss die Abstandsdifferenz $|r_1 - r_2|$ gleich bleiben.

BEISPIEL Um zwei Punkte F_1 und F_2 im Abstand 10 soll eine Hyperbel mit Abstandsdifferenz $||F_1P| - |PF_2|| = 8$ konstruiert werden (↗ Bild 6 links):

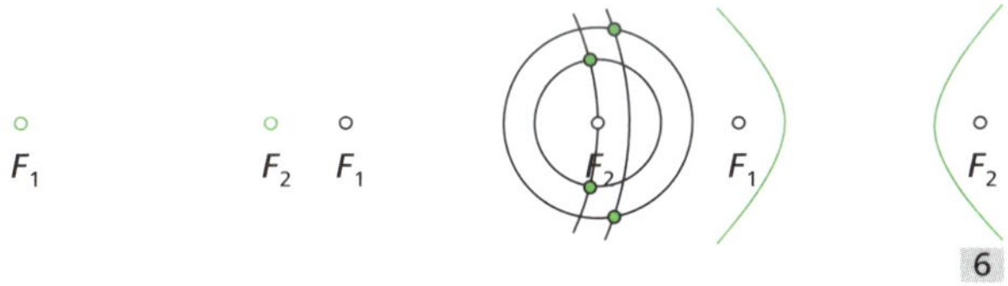

Die fixen Punkte F_1 und F_2 im Abstand 10.

Abstandsdifferenz 8. Kreise um F_1 und F_2 mit den Radien 9 und 1 bzw. 10 und 2 …

Die Hyperbel – Punkt für Punkt.

Die Schnittpunkte passender Kreise (jetzt: *Differenz* der Radien, d. h. $|r_1 - r_2| = 8$) bilden die Hyperbel (↗ Bild 6 Mitte); z. B. die Schnittpunkte vom Kreis um F_1 mit $r_1 = 9$ (mit $r_1 = 10; 11; \ldots$) und dem Kreis um F_2 mit $r_2 = 1$ (mit $r_2 = 2; 3; \ldots$).

Die Übersetzung der Konstruktion in die Sprache der Algebra erfolgt analog zur Ellipse:

Jeder Hyperbelpunkt $P(x|y)$ hat zu den fixen Punkten $F_1(-5|0)$, $F_2(5|0)$ die Abstandsdifferenz 8; d. h. mit Pythagoras (↗ Bild 7):

$8 = \sqrt{(x+5)^2 + y^2} - \sqrt{(x-5)^2 + y^2}$
bzw.
$8 + \sqrt{(x-5)^2 + y^2} = \sqrt{(x+5)^2 + y^2}$

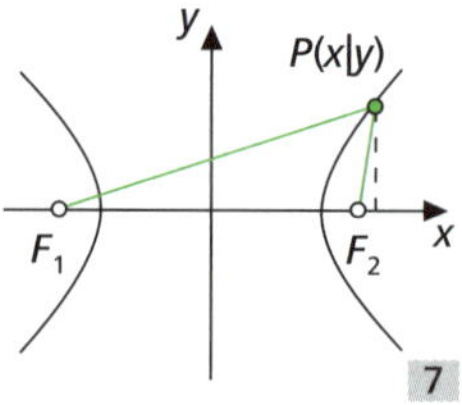

7

Quadrieren und Vereinfachen führt auf:
$16 - 5x = -4\sqrt{(x-5)^2 + y^2}$
Erneutes Quadrieren und Vereinfachen, und die Hyperbel ist analytisch erfasst:
$\frac{x^2}{16} - \frac{y^2}{9} = 1$

13.4 Parabel

> Die ***Parabel*** besteht aus allen Punkten *P*, deren Abstand zu einer gegebenen Geraden *g* genauso groß ist wie zu einem gegebenen Punkt *F*; also aus allen *P* mit $|Pg| = |PF|$.

Alle Punkte mit einem bestimmten Abstand zur Geraden *g* findet man in einer Parallelen zu *g*. Alle Punkte mit einem bestimmten Abstand zum Punkt *F* findet man in einem Kreis um *F*. Deswegen wird die Parabel – also die Punkte, die gleichen Abstand von *F* und von *g* haben – mithilfe von Parallelen und Kreisen konstruiert.

BEISPIEL Eine Parabel zu *F* und *g* soll konstruiert werden, *F* und *g* haben den Abstand $|Fg| = 2$ (↗ Bild 8 links).

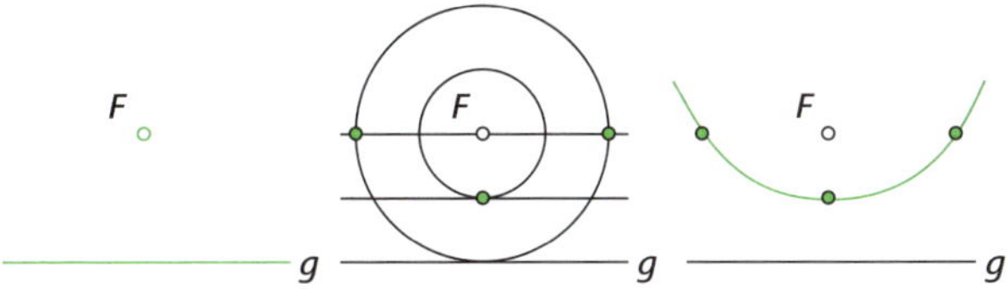

8

Die Gerade g und der Punkt F im Abstand 2.

Parallelen zu g im Abstand 1 und 2. Kreise um F mit Radius 1 und mit Radius 2.

Die Parabel – Punkt für Punkt.

Die Schnittpunkte von Kreis und Parallele mit gleichem Abstand zu F bzw. zu g bilden die Parabel; z. B. der Schnittpunkt vom Kreis um F mit $r = 2$ (mit $r = 3; 4; 5; \ldots$) und der Parallelen im Abstand $a = 2$ zu g (mit $a = 3; 4; 5; \ldots$).

Auch hier die Übersetzung von Geometrie in Algebra: Wir legen F und g so in ein Koordinatensystem, dass die x-Achse zwischen F und g liegt und die y-Achse durch F verläuft (↗ Bild 9).

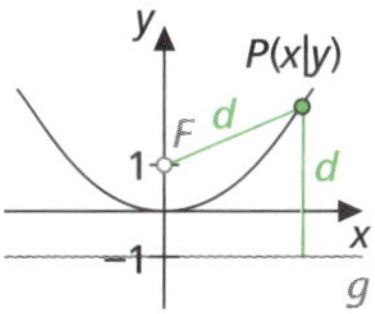

9

Jeder Parabelpunkt hat zur Linie g denselben Abstand wie zum Punkt F. Für einen Punkt P nennen wir den Abstand d.

Parallele zu g im Abstand d (das ist der Abstand von P zur x-Achse, ↗ Bild 9):

$y = d - 1$

Kreis um F mit Radius d (das ist der Abstand von P zu F):

$x^2 + (y - 1)^2 = d^2$

Die Elimination von d führt auf:

$x^2 + (y - 1)^2 = (y + 1)^2$, d. h.

$y = \frac{1}{4}x^2$

Und das ist die analytische Fassung der Parabel.

Lern-Check: Teste dein Wissen!

Kapitel „Geometrie und Algebra“	O.K. ✓	Das muss ich noch mal lesen
Ich kann Beispiele für den Zusammenhang von Geometrie und Algebra nennen.		S. 149
Ich kann die Eigenschaften der DIN-Papierformate beschreiben und sie in die Sprache der Algebra übersetzen.		S. 149–151
Ich kann Ellipsen mit der „Gärtnerkonstruktion" zeichnen.		S. 151
Ich kann aus der „Gärtnerkonstruktion" die wichtigste Eigenschaft von Ellipsen ableiten.		S. 151
Ich kann Ellipsen punktweise mit Zirkel und Lineal konstruieren und dies in die Sprache der Algebra übersetzen.		S. 152
Ich kann eine Hyperbel mit geometrischen Mitteln beschreiben.		S. 153
Ich kann eine Hyperbel punktweise mit Zirkel und Lineal zeichnen und dies in die Sprache der Algebra übersetzen.		S. 154
Ich kann eine Parabel mit geometrischen Mitteln beschreiben.		S. 154, 155
Ich kann eine Parabel punktweise mit Zirkel und Lineal zeichnen und dies in die Sprache der Algebra übersetzen.		S. 154, 155

Stichwortverzeichnis